질문으로
시작하는
생태 감수성 수업

질문으로 시작하는
생태 감수성 수업

2024년 07월 26일 초판 01쇄 발행
2025년 01월 15일 초판 03쇄 발행

지은이 최원형

발행인 이규상 편집인 임현숙
편집장 김은영 책임편집 강정민 책임마케팅 원혜윤
콘텐츠사업팀 문지연 강정민 정윤정 원혜윤 윤선애
디자인팀 최희민 두형주
채널 및 제작 관리 이순복 회계팀 김하나

펴낸곳 (주)백도씨
출판등록 제2012-000170호(2007년 6월 22일)
주소 03044 서울시 종로구 효자로7길 23, 3층(통의동 7-33)
전화 02 3443 0311(편집) 02 3012 0117(마케팅) 팩스 02 3012 3010
이메일 book@100doci.com(편집·원고 투고) valva@100doci.com(유통·사업 제휴)
블로그 blog.naver.com/h_bird 인스타그램 @blackfish_book

ISBN 978-89-6833-474-0 03400
ⓒ 최원형, 2024, Printed in Korea

크낙새

뱀밥

쇠뜨기

민들레

119가지로 질문하는 열두 달 환경 인문학 ‖ 최원형 글·그림

소똥구리

수세미

질문으로
시작하는
생태 감수성 수업

블랙피쉬
Black Fish

질문이 필요한 시대

딱따구리의 드러밍(drumming)°이 잦아지면 문 앞까지 봄이 온 겁
니다. 겨울에도 딱따구리가 나무를 두드리긴 하지만 두드리는
소리가 잦아지기 시작하면 회갈색 숲 여기저기 연둣빛이 점점이
물드는 계절이 찾아오거든요. 딱따구리의 드러밍은 제게 봄 신
호입니다. 딱따구리는 부리로 나무를 두드리기도 하지만 쪼기도
해요. 어느 날 문득 딱따구리는 어째서 이렇게 다양한 방식으로
나무를 두드리고 쪼는지 궁금했어요. 해마다 추석이면 등장하는
말벌 뉴스를 들으며 말벌은 없애 버려야 할 무시무시한 곤충인
지, 파리는 세상 쓸모없이 그저 성가시고 더럽기만 한 존재인지,
도시의 비둘기는 어쩌다 이토록 천덕꾸러기가 되어 버렸는지 궁
금했지요. 떠오르는 질문에 답을 찾는 과정에서 수많은 오해가
이해로 바뀌었고 역지사지하는 마음의 길이 생기더군요.

　　지금 우리는 질문을 하지 않는 시대를 살고 있는 게 아닌가

○　딱따구릿과 새 수컷이 자기 영역을 알리고 짝을 찾기 위해 나무를 강하게 두드리는 소리.

싶어요. 쏟아지는 정보에 치이기도 하고 궁금한 것은 즉각 답을 찾을 수 있기에 질문을 잃어버린 것 같기도 하고요. 질문은 낱낱의 정보를 습득하는 것을 넘어 대상을 이해하고 때론 깊은 사유를 가능하게 해 줍니다. 질문을 한다는 것은 삶을 능동적으로 산다는 것과 다르지 않아요. 검색이 아니라 진정한 사유로 이끌어 주는 시작이 질문입니다. 대부분 사람은 저마다의 기준으로 세상을 보는 습관이 있어요. 질문은 갇혀 있던 틀에서 벗어날 수 있는 통로입니다. 당연하다고 배웠던 것들, 익숙하게 여겼던 것들을 낯설게 보도록 하는 장치가 질문입니다. 낱낱의 해답을 찾을 수 없다고 해도 질문은 중요합니다.

다양한 생물의 생태를 알수록 우리의 삶도 여러 삶 가운데 하나일 뿐이라는 자각이 듭니다. 바로 이런 자각이 생태 감수성의 출발이 아닐까 싶어요. 인간 중심의 사고에서 벗어나 지구에 살아가는 생명 하나하나가 어떻게 살아가는지 알면 알수록 그들이 온전히 살아갈 수 있길 바라는 마음이 생기고 그들의 서식지를 지켜 주고 싶은 간절한 마음이 듭니다. 살 곳이 사라져 더 이상 볼 수 없게 되는 걸 그저 '서식지 파괴'라든가 '멸종'이라는 짧은 말로 일축하기에 지구 시스템은 무척이나 복잡합니다. 서식지가 망가지거나 생물종이 사라지는 것은 단순한 문제가 아니라 수천수만 가지 문제를 불러일으키는 원인이 되니까요.

물방개의 수영 실력이 다리에 난 털 덕분이라는 걸 알게 되자마자 더 이상 물방개를 자연에서 만나기가 무척 어려워졌다는 사실도 함께 알게 되었어요. 너무나 아쉬운 일이지요. 그래서 지금 만날 수 있는 수서곤충의 존재가 더 귀하게 느껴지고 더 이상 잃지 않도록 지켜 주고 싶은 마음이 커집니다. 버섯과 비의 관계를 알수록 이 세상이 빈틈없는 관계의 연속이고 곧 기적이라는 걸 깨닫게 됩니다. 얼마나 흡족한 진리인가요. 문득 내가 세상에 보답해야 할 선물은 무엇일지 찾게 됩니다. 나와 지구 공동의 집에 존재하는 수많은 생명이 긴밀히 연결돼 있다는 걸 알면 알수록 내가 곧 하늘소이고 딱따구리이고 큰고니라는 걸 깨닫습니다. 내가 굴참나무이고 뱀밥의 홀씨였더라고요. 그러니 내가 잘 사는 게 세상에 보답할 수 있는 가장 큰 선물이 아닐까요? 그렇다면 잘 산다는 것은 어떤 삶일까요? 그리고 나는 어떤 삶을 살아야 할까요? 질문이 꼬리를 물고 이어집니다.

질문은 새로운 세상으로 길을 안내하는 내비게이션이고 조화로운 세상으로 가는 지름길입니다. 제가 던진 어쭙잖은 질문이 여러분을 더 깊은 질문으로 이끄는 징검다리가 되길 바랍니다. 질문이 꼬리를 물고 이어져 지구에서 뭇 생명과 조화롭게 살아갈 방법을 모색하는 장이 펼쳐지길 또한 기대합니다.

2024년 여름, 광릉 숲에서 아름답게 노래하던 되지빠귀를 기억하며.
최원형

차 례

4월

5월

6월

1월

꽥!

깃털과 동물의 겨울잠

"겨울철 깃털만 입고 있는 새들은 춥지 않을까?"

겨울이면 강이든 바다든 그동안 못 보던 새들이 물 위에 동동 떠 있곤 해요. 겨울에 우리나라를 찾는 겨울 철새가 일 년 내내 우리나라에 사는 텃새보다 2배 이상 많다는 거 알고 있나요? 겨울 철새는 북쪽에서 내려옵니다. 더 추워지는 겨울에 덜 추운 겨울로 남하하는 것인데 우리나라의 겨울도 추워요. 그런데 겨울잠을 자지 않고도 굴속이나 땅속에 틀어박혀 겨울을 지내는 야생동물들이 있어요. 비결은 무엇일까요? 바로 털이에요. 포유류의 경우 빽빽한 겨울털로 갈아입고 추위를 이겨 내는데 물 위에 동동 떠 있다가 물속으로 자맥질하거나 잠수하는 조류들은 대체 어떻게 추위를 이겨 내는 걸까요?

겨울 패딩이 따뜻한 이유가 깃털로 채워졌기 때문이라는 사실쯤은 이제 유치원생들도 알아요. 그렇지만 패딩을 입어도 얼음장 같은 물속으로 뛰어들면 추울 텐데. 이쯤에서 깃털의 비

부위별로 다양한 형태의 새 깃털. ⓒ최원형.

밀이 궁금해집니다. 깃털에 대한 궁금증이 풀리고 생물마다 제
각각 살아가는 방법이 있다는 걸 알게 되면 자연의 이치에 새삼
경이로움이 일 거예요. 바로 이런 경이로움이 우리 마음속에 감
수성의 씨앗으로 자리 잡는답니다. 1월, 새해 첫 달에는 동물의
겨울나기를 살펴볼까요?

계절에 따라 옷을 갈아입듯, 동물들도 털을 갈아입을까?

사람들은 두툼하고 따뜻한 옷으로 추위를 견디지만 야생에 사는
동물들은 옷 대신 털을 입어요. 털이라고 하면 폭신한 강아지 털

이나 새의 깃털 정도가 먼저 떠오르지만 넓게 구분해 보면 코끼리의 질긴 가죽에 듬성듬성 난 뻣뻣한 털도, 고슴도치의 가시도 일종의 털이라고 할 수 있어요. 동물생태학자인 데즈먼드 모리스는 우리 인간을 '털 없는 원숭이'라고 했답니다. 정확히 말하면 우리 몸에 털이 없는 건 아니나 동물 털에 비해 보잘것없다는 뜻이에요. 옷을 입기 시작하면서 털이 이렇게 진화했다고 하니 털을 옷으로 바꾼 셈이죠. 옷은 피부를 보호하고 온도를 조절하는 역할을 합니다. 계절에 따라 입는 옷이 달라지듯 동물의 털도 계절에 따라 달라요. 털의 종류와 구조를 알면 동물도 나름의 방법으로 온도와 환경에 맞도록 진화하고 있다는 사실을 발견하게 될 거예요. 환경에 맞춰 진화하며 살아가다 보니 갑작스럽게 환경이 변하면 생존이 어려워질 수밖에 없겠죠? 환경을 보존해야 하는 이유가 여기에 있어요.

겨울털과 여름털, 어떻게 다를까?

우리는 기온이 뚝 떨어져야 겨울옷을 꺼내 입지만 동물들은 대개 가을부터 털갈이를 시작해요. 늦가을이 되면 여름털은 모두 빠지고 겨울털로 몸을 준비하죠. 겨울털은 빽빽하게 나고 부드러워 추위로부터 몸을 보호해 줍니다.

추운 겨울을 이겨 내려고 깃털을 힘껏 부풀린 참새. ©최원형.

　　겨울이 끝나 갈 무렵부터 초여름에 이르기까지, 이제는 여름털을 준비할 차례입니다. 여름털은 겨울털보다 대체로 짧고 가늘어 보온력이 떨어져요. 체온이 오르는 걸 낮춰야 하니 보온력이 떨어지는 건 당연합니다. 아프리카나 남아시아 등 비교적 기온이 높은 곳에 사는 코끼리는 언뜻 보면 가죽만 있는 것 같지만 성글긴 해도 털이 있어요. 코끼리는 더운 지방에 사는데 털이 수북하면 더 덥지 않을까요? 털이 늘 몸을 따뜻하게 해 주는 건 아니에요. 코끼리의 몸에 성글게 난 털은 오히려 몸에서 열을 발산시켜서 에어컨 같은 역할을 한다는 연구도 있어요. 이렇게 야생의 동물들도 나름의 옷을 계절에 따라 바꿔 입으면서 환경에 적응하며 살아가요.

포유류의 몸에 난 것을 털이라 부르는 것과 달리 조류의 몸에 난 것은 '깃털'이라고 불러요. 조류는 번식 시기에 눈에 잘 띄는 깃으로 바꾸는 깃털갈이를 하는데 이를 번식깃이라고 합니다. 번식깃은 번식이 끝나면 없어지고 주로 수컷 조류에서 나타나요. 새들은 추울 때 깃털을 부풀려서 체온을 유지하는데, 깃털 사이에 생긴 공간에 공기를 가두어 몸을 따뜻하게 합니다.

물속에서 먹이를 구하는 새들을 관찰하면 잠수를 마친 뒤에는 반드시 깃털에 묻은 물기를 털고 부리로 털을 계속 다듬는 모습을 볼 수 있어요. 부리로 기름샘에서 기름을 묻혀 온몸에 있는 깃털에 고르게 바르는 행동이에요. 기름칠한 깃털은 방수가 잘되기 때문에 겨울에도 물속에서 먹이를 찾아 먹을 수 있습니다. 그렇지만 규칙에도 예외가 있듯이 모든 새의 깃털이 방수가 잘되는 건 아니에요. 가마우지류는 잠수를 해서 먹이를 구하는 새인데도 깃털에 방수 기능이 없어요. 그래서 잠수 후에는 반드시 양 날개를 펴서 말립니다.

깃털은 비행 중 나뭇가지에 앉았을 때 혹은 누군가와 다투거나 하는 과정에 쉽게 엉길 수 있어요. 그렇기 때문에 새들은 먹이 활동을 할 때를 제외하고는 털 고르는 일로 대부분의 시간을 보내요. 옷을 잘 관리해야 우리의 몸을 보호할 수 있듯 새들도 깃털을 시간 날 때마다 관리한답니다.

배드민턴 셔틀콕은 진짜 깃털로 만들까?

배드민턴 공인 셔틀콕은 일반적으로 알려진 공 모양이 아닌 깃털이 달린 반구 모양의 공입니다. 애당초 셔틀콕은 닭 털로 만들어서 붙여진 이름이에요. '왔다 갔다 한다'는 뜻의 셔틀과 '닭'의 콕에서 온 말이거든요. 그런데 닭 털보다 거위 털이 더 질겨서 선수용 셔틀콕은 거위 털로 만들어요. 16개의 깃털을 동그랗게 코르크에 꽂아 만드는데 이 깃털은 거위 한 마리에서 14개 정도밖에 나오지 않는다고 해요. 같은 방향의 깃털만 사용해야 해서 한 마리당 일곱 개 깃밖에 얻을 수 없어요. 그래서 셔틀콕 하나를 만들기 위해서는 거위 세 마리가 필요하지요. 닭 털, 거위 털로만 만드는 건 아니고 물새 털이나 플라스틱으로도 만들어요. 그래도 가장 좋은 건 거위 털이라고 해요. 셔틀콕은 왼쪽 깃털로 만든 것과 오른쪽 깃털로 만든 게 있는데, 주로 사용하는 오른손잡이용 셔틀콕을 만들 때 왼쪽 날개를 뒤집어서 오른쪽 날개처럼 포개어 놓아요. 날개깃은 원상태로 돌아가려는 힘이 있어서 이렇게 하면 이웃한 날개깃과 단단히 붙어 있게 된다고 합니다. 새로부터 배운 지혜가 우리 주변에 찾아보면 많을 것 같지요?

날개깃의 원리가 담겨 있는 셔틀콕.

눈과 빙하
"물은 투명한데 왜 눈은 흰색일까?"

눈을 관찰해 본 적 있나요? 눈은 공기 중의 물 방울이 얼어서 얼음 알갱이 상태가 된 것을 말하는데요. 우리가 흔히 보는 얼음 알갱이는 투명하잖아요? 그런데 왜 눈은 흰색일까요? 색의 비밀을 풀기 전에 눈을 더 자세히 살펴보기로 해요.

옷에 떨어진 눈을 확대경으로 들여다보면 무척이나 아름답습니다. 별 모양 같은 결정이 보여요. 눈 결정이 대개 육각형 구조인 까닭은 물을 구성하는 수소 두 개와 산소 한 개의 결합 각도가 104.5도이기 때문이에요. 이러한 물 분자들이 **결정격자**🌱를 이룰 때 육각형을 만들거든요. 온도와 습도에 따라 수분이 달라 붙는 모양이 달라지기 때문에 눈 결정은 무척 다양합니다. 눈 결정을 언급한 가장 오래된 기록은 기원전 135년 중국으로 알려져

🌱 고체 내의 원자가 특정한 규칙을 가지고 배열된 3차원 격자.

있고 유럽에서는 1555년이 되어야 눈 결정에 관한 언급이 처음 나옵니다.

그렇지만 연구를 본격적으로 시작한 곳은 유럽입니다. 행성운동법칙을 발견한 요하네스 케플러는 신성로마제국 황제인 루돌프 2세에게 줄 선물로《여섯 모서리가 있는 눈송이에 관해서(On the Six-Cornered Snowflake)》라는 제목의 책을 썼다고 해요. 영국의 로버트 훅은 직접 발명한 현미경으로 눈 결정을 관찰해서 그리기도 했어요. 눈 결정을 최초로 찍은 사람은 1885년 미국 버몬트주에 살던 윌슨 벤틀리인데 직업은 농부였다고 해요. 벤틀리는 직접 제작한 카메라로 눈 결정 사진을 찍었어요. 불과 19살에 말이지요. 벤틀리는 이후 45년 동안 5,000점이 넘는 눈 결정을 찍었답니다. 그 많은 눈 결정 가운데 같은 모양이 있었을까요?

눈 결정을 실험실에서 직접 만든 사람은 1936년 일본의 물리학자인 나카야 우키치로였어요. 온도와 습도를 달리해서 눈 결정을 키웠고 나카야 도표로 불리는 눈 결정 형태학 도표를 완성합니다. 인터넷에서 찾아보면 아름답고 다양한 눈 결정을 볼 수 있어요. 굳이 들여다보지 않으면 알 수 없는 아름다움이지요. 눈이 어떤 모양인지 왜 그런 모양으로 생기게 되었는지를 알아가는 과정은 누군가의 호기심에서 시작되었겠지요? 질문은 새로운 세상으로 가는 내비게이션입니다.

윌슨 벤틀리가 찍은 눈 결정 사진.

눈 결정 이야기를 꺼낸 까닭은 이 결정이 눈을 하얗게 보이게 하는 단서이기 때문이지요. 눈 결정은 구조가 복잡하고 온도나 습도에 따라 모양도 제각각입니다. 오죽하면 벤틀리가 5,000점이 넘는 눈 결정 사진을 찍었을까요?

사물의 색은 빛을 반사하거나 흡수 또는 투과할 때 생기는 파장으로 결정됩니다. 우리가 색을 구분할 수 있는 건 빛 때문이에요. 눈 결정에는 워낙 많은 가지가 있어서 가지마다 모든 빛을 반사시킨 결과 흰색이 됩니다. 모든 빛을 다 섞으면 흰색이 되는 원리이지요. 폭포수가 흰색인 이유도 마찬가지입니다. 물이 떨어지면서 물방울이 생기는데 이 방울들이 빛을 반사하면서 흰색으로 보이는 거예요. 눈 결정이든 물방울이든 모두 빛을 반사합니다.

빙하가 녹으면 무조건 해수면이 상승할까?

흔히 빙하가 녹으면 해수면이 상승한다고 알고 있지만 반드시 그런 건 아니에요. 남극이나 그린란드처럼 육지에 쌓인 빙하가 녹을 때에만 해수면이 상승합니다. 북극 빙하는 물에 떠 있는 빙하라 녹아도 해수면이 상승하지 않아요. 보통 빙하 하면 해수면 상승 문제에만 생각이 머무르는 경향이 있는데요. 사실 빙하의 역할은 단순하지가 않아요.

　빙하는 눈이 녹지 않고 오랜 시간 쌓이면서 그 압력으로 얼음덩어리가 된 걸 말하는데, 빙하도 빛을 반사합니다. 빙하는 남극과 북극, 제3극으로 불리는 히말라야, 그리고 알프스의 마테호른 등에 있어요.

　물체가 빛을 반사하는 정도를 알베도(Albedo)라고 합니다. 하얗다는 의미의 라틴어로 물체가 빛을 받았을 때 반사하는 정도

빛을 반사해 지구 온도를 낮추는 빙하. ⓒ최원형.

를 나타내는 단위입니다. 알베도가 높을수록 햇빛을 많이 반사해 온도가 덜 올라가는데요. 빙하는 지구로 쏟아져 들어오는 태양 빛을 반사시켜 지구 온도를 낮추기에 '지구의 에어컨'이라 불립니다. 그런데 지구의 기온이 상승하며 빙하를 녹이고, 빙하가 줄어드니 햇빛을 반사시키는 비율이 낮아지고, 그로 인해 지구 기온은 더 상승하고… 이런 악순환이 기후 위기를 초래하고 있어요.

　　빙하 아래쪽에는 다양한 **얼음조류(藻類)**〰️가 살고 있어요. 이 조류는 적은 양의 빛에 적응해서 얼음을 통과하는 제한된 햇빛에도 광합성이 가능해요. 작은 새우처럼 생긴 크릴이 이 조류를

〰️ 눈이나 얼음의 표면이 녹은 부분에 사는 미세조류.

먹고 살아가고요. 크릴은 남극 생태계에서 중요한 요소입니다. 물고기, 물개, 펭귄뿐만 아니라 고래까지 다양한 해양동물의 주요 먹이원이니까요. 그런데 빙하가 줄어들면 조류가 살아갈 공간도 줄 테고 조류의 수가 줄어들면 그것을 먹고 살아가는 해양동물에게도 치명적일 수밖에 없어요. 세상에 존재하는 모든 것은 서로가 서로에게 의지하며 살아가지요. 생태계를 이해하면 할수록 겸손해지고 감사한 마음이 생길 수밖에 없어요.

분홍색, 녹색 눈도 있을까?

세상의 모든 눈이 흰색인 건 아니에요. 2004년 경기도 안산의 시화공단에는 분홍색 눈이 내렸어요. 조사 결과 공단 내 한 화학공장 굴뚝에서 새어 나온 염색 가루가 원인이었습니다. 배출가스를 집진(먼지나 쓰레기 따위를 한곳에 모으는 일)하는 장치가 고장 나 염색 가루가 외부로 방출되면서 눈을 분홍색으로 만들었던 거예요. 2019년에는 러시아의 페르보우랄스크에 독성이 있는 형광빛 녹색 눈이 내렸어요. 근처에 **크롬** 공장이 밀집해 있

───────────

♥♥♥ 은백색의 광택이 나는 단단한 금속 원소로, 염산과 황산에는 녹으나 공기 가운데에서 녹이 슬지 않고 약품에 잘 견디며 도금이나 합금 재료로 널리 쓰인다. 원자 기호는 Cr.

는데 환경단체들은 이 공장에서 유출된 화학 물질이 눈을 오염 시켰기 때문이라고 주장했어요. 그에 앞서 시베리아 쿠즈네츠크 지역에는 유독성 흑탄 먼지가 섞인 검은 눈이 내리기도 했어요.

　도시에 내린 눈은 금세 검게 변해요. 도로에 내린 눈 위로 자동차들이 지나다니면서 오염 물질을 내뿜기 때문이지요. 미국 유타주 북동부와 아이다호주 남동부를 잇는 베어리버산맥, 알래스카, 유럽 중부의 알프스산맥, 남극 등에서도 일명 수박 눈 (Watermelon Snow)이라 불리는 분홍색 눈이 발생했어요. 얼핏 보면 눈 위에 수박주스를 흘린 것 같지만 사실은 클라미도모나스 니발리스(Chlamydomonas Nivalis)라는 **미세조류**▼▼▼▼가 만든 겁니다. 이 미세조류는 기온이 낮은 고산지대나 극지방의 눈 속에 있다가 기온이 올라가기 시작하면 활동하는데요. 최근 들어 대기 중 이산화탄소 농도가 증가하면서 알프스 등 기온이 낮은 지역에서 번성한다고 과학자들은 추정하고 있어요. 이 미세조류는 엽록소를 갖고 광합성을 하는 녹조류인데 왜 붉은색을 띠는 걸까요? 자외선에 노출되면 붉은색 색소인 아스타잔틴(카로티노이드의 일종)을 만들기 때문이에요. 이 색소가 세포를 보호하기 위해 자외선을 흡수한다고 해요. 즉 자외선 차단제 역할을 하는 것이죠.

▼▼▼▼ 현미경으로 관찰해야만 형태가 확인되는 수십 마이크로미터(㎛) 크기의 작은 생물로 식물 처럼 뿌리나 잎은 없지만 광합성을 한다.

인요 국유림(Inyo National Forest)에서 촬영된 수박 눈 현상.
ⓒUSDA photo by Paul Wade(Flickr).

카로티노이드 색소 때문에 당근이 붉게 보이는 현상, 나뭇잎이 가을에 단풍 드는 현상과 같은 효과입니다. 문제는 이렇게 붉은 색으로 변한 눈은 햇빛 반사율이 낮아져요. 즉 앞서 설명했던 알베도 효과가 낮아집니다. 기온 상승이 기온 상승을 불러오는 일들이 연쇄적으로 벌어지는 것 같지요?

물이 얼어서 만들어진 예술 작품은 눈 말고 또 있어요. 몹시 추운 날 아침, 베란다 창문이나 자동차 앞 유리창에서 본 아름다운 무늬 기억하나요? 깃털 같기도 하고 나뭇잎 같기도 한, 때론 꽃이 핀 것 같기도 한 이것의 정체는 유리창 성에입니다. 성에는 서리의 일종이에요. 서리란 기온이 0도 이하로 내려갈 정도로 추운 날 공기 중에 있는 수증기가 냉각되면서 주변 땅이나 물체에 닿아 얼어붙은 아주 작은 얼음 알갱이입니다. 서리가 생기려면 춥고 맑은 날씨에 바람이 거의 불지 않아야 해요. 바람이 공기 중에 있는 수증기를 쓸어 가 버리면 서리가 생길 수 없거든요. 공기 중에 수증기가 있다는 걸 평소에는 느낄 수 없지만 이렇게 서리가 생기는 걸 보면 확실하게 알 수 있어요.

기온이 영하인데도 물의 표면장력 때문에 아직 액체 상태로 남아 있는 물방울도 있어요. 이걸 과냉각 물방울이라고 합니다. 이런 액체 상태 물방울이 공기 중에 떠 있다가 물체를 만나면 순간 얼어붙는데 이를 상고대라고 해요. 나무나 풀에 내려앉아 눈이 쌓인 것처럼 보이는 서리를 뜻하는 말입니다. 땅속에도 수분이 있지요. 땅속 수분은 증발하면서 땅 위로 올라오는데 기온이 영하 10도 이하일 때는 올라오던 수분이 그대로 얼어 버려요. 이걸 서릿발이라고 합니다. 겨울 아침에 흙을 밟아 보면 땅이 푹신해서 살짝 내려앉는 걸 느껴 본 적 있을 거예요. 서릿발로 흙이 들어 올려졌기 때문입니다.

어느 행성에 생명체가 사는지 알아보려면 가장 먼저 물이 있는지 확인해야 합니다. 물은 생명의 근원이기 때문이지요. 지구에는 대기 중에도 물이 있고 땅속에도 물이 있고 식물의 몸에도 그리고 우리의 몸에도 물이 있어요. 우리가 생명을 유지하는 데 필요한 물은 비나 눈을 통해 얻지요. 비는 내리면 땅으로 스며들기도 하지만 흘러가 버리기도 하는데 눈은 그대로 쌓입니다. 쌓여서 서서히 녹으며 지하수가 되지요. 물은 농사를 짓는데 반드시 필요한 자원이니 눈과 풍년은 관계가 깊습니다. 그런데 최근 들어 기온이 상승하면서 겨울에 눈을 보기가 점점 힘들어지고 있어요. 겨울 가뭄, 봄 가뭄이라는 말도 생겼어요.

내리는 눈과 바닥에 쌓인 눈과 얼어붙은 눈은 같은 눈일까요, 다른 눈일까요? 눈 많은 알래스카에 사는 이누이트 사람들은 이 세 가지를 다 다른 이름으로 부른다고 해요. 그들에게는 이밖에도 눈을 부르는 이름이 정말 많답니다. 눈이 많은 환경에 살기 때문이겠지요? 우리나라에도 눈을 부르는 이름이 많아요. 마른 눈이라고 부르기도 하는 가루눈이 있어요. 기온이 낮고 바람이 강한 날에 내립니다. 가루눈은 잘 뭉쳐지지 않아 눈싸움을 하거나 눈사람을 만들기 어려워요. 한편 눈송이가 큰 눈을 함박눈이라 해요. 눈 결정이 서로 달라붙어 눈송이를 형성하며 내리는 눈입니다. 쌀알처럼 작은 눈은 싸라기눈이라 부릅니다. 백색 불투명한 얼음 알갱이 형태로 내리는데 가끔 우박으로 변하기도 해요. 눈은 얼음 알갱이인데 기온에 따라 함박눈, 진눈깨비처럼 다른 모습으로 내려요. 이렇듯 다양한 눈을 만날 수 있어야 진정한 겨울이지요.

눈이 녹지 않고 계속 쌓인다면 어떻게 될까?

오래도록 쌓인 눈이 중력으로 단단해진 얼음을 빙하라고 합니다. 산꼭대기나 그린란드, 남극 대륙 같은 고위도에서 만들어집니다. 빙하를 크게 빙상, 빙붕, 빙산으로 구분해요. 남극이나 그린란드에서 볼 수 있는 빙하처럼 땅을 넓게(5만km² 이상) 덮은 얼음덩어리를 빙상이라 불러요. 빙상에서 이어지면서 바다 위로 지붕처럼 떠 있는 얼음덩어리를 빙붕, 빙상이나 빙붕에서 떨어져 나와 바다에 5m 이상 노출된 얼음덩어리를 빙산이라고 합니다. 그 밖에 물 위에 떠다니는 얼음덩어리를 부빙이라 하고, 부빙이 넓은 지역에 걸쳐 무리를 지어 떠다니면 이를 유빙이라 부르지요. 지구상에서 가장 추운 대륙은 남극인데요. 남극 대륙의 평균기온은 영하 55도, 한겨울 기온은 영하 70도나 된답니다. 또 한반도의 60배쯤 되는 빙하가 평균 3km 두께로 남극 대륙에 얹혀 있어요.

인류는 어떤 흔적을 남기고 있을까?

이젠 멸종해서 볼 수도 없는 공룡, 삼엽충, 암모나이트 등이 한때 지구에서 살았다는 걸 우리는 화석을 통해 알아요. 화석은 가장 오래된 흔적입니다. 우리 인류도 살아가면서 '흔적'을 남기고 있어요. 캐나다 크로포드 호수에는 우리가 무엇을 많이 사용했는지 그 흔적이 그대로 남아 있어요. 가령 1950년대 이뤄진 수소폭탄 실험과 방사능 낙진으로 호수 바닥에 급격히 쌓인 플루토늄, 화석연료 발전소에서만 나오는 구형탄소입자(SCP)와 고농도의 납 수치, 미세 플라스틱 같은 흔적이지요. 인류 역사에 어느 기간부터 이러한 흔적들이 많이 쌓이게 되자 과학자들은 이런 시대를 '인류세'로 구분해서 불러야 한다고 주장하고 있어요.

◇ 겨울눈과 나무의 겨울나기

◇ 로제트와 풀의 겨울나기

겨울눈과 나무의 겨울나기
"빈 가지였는데 어떻게 봄이 되면 잎이 돋고
꽃이 필까?"

봄이 오면 나무마다 새잎이 돋고 꽃이 핀다는
건 누구나 알아요. 당연하다고 생각하죠. 반면 겨울나무를 보면
살아 있는 걸까 궁금할 때가 있지 않나요? 연일 한파로 기온이
영하에 머물러 있어도 꽁꽁 언 땅에 뿌리 내린 채 나무는 온몸으
로 추위를 다 견뎌 냅니다. 나무가 가을에 잎을 떨구는 건 겨울
을 무사히 지내기 위해서예요. 그렇다면 겨울철 나무는 봄을 맞
이하기 위해 어떤 준비를 하는 걸까요?

겨울나무를 들여다보면 가지에 붙은 '눈'을 볼 수 있어요.
우리 얼굴에 붙은 눈도, 하늘에서 내리는 눈도 아니에요. 나뭇
가지에 붙어 있는 눈은 잎이 되고 꽃이 되고 가지가 될 싹이랍
니다. 겨울을 지내기 위해 잎을 다 떨구면 잎이 없는 나무는 어
디서 양분을 만드나요? 그러니까 기온이 올라가고 다시 양분 공
장을 돌리려면 잎을 내야 하잖아요? 비록 줄기와 가지는 추위에

목련과 단풍나무 겨울눈. ⓒ최원형.

그대로 드러나 있지만, 눈은 가장 중요한 잎과 꽃이 될 싹을 추위로부터 보호하기 위해 아주 꽁꽁 잘 싸매고 있답니다. 달리기를 하려면 미리 준비 운동하고 자세를 갖추고 있어야 출발이라는 소리와 함께 뛸 수 있듯이 식물도 눈 속에 모든 준비를 하고 있습니다. 그게 겨울눈이랍니다. 나무의 지혜는 아무리 칭찬해도 부족한 것 같아요.

질문으로 시작하는 생태 감수성 수업

겨울눈은 어떻게 추위를 견딜까?

겨울철 잎이 하나도 없는 나무를 보고 무슨 나무인지 척척 알아 맞히는 사람들이 더러 있어요. 나무마다 줄기가 특징적이긴 한 데 나이가 많은 나무는 어린나무랑 모양이 달라지기도 해서 줄 기만으로 나무를 구분하는 게 늘 정확한 건 아니에요. 무슨 신통 력일까 싶었는데 비밀은 겨울눈이었어요. 겨울눈은 나무마다 다 달라요. 추위를 이겨 내는 방법만 다른 게 아니라 가지에 붙어 있는 형태도 다 달라요. 그래서 나뭇잎이 다 떨어진 겨울 숲에서 나무를 알아보려면 겨울눈이 중요한 단서가 됩니다. 백목련처럼 털로 꼭꼭 싸맨 눈도 있지만 칠엽수 같은 나무는 **비늘**♥로만 쌓여 있어요. 그러나 그 속에는 끈적거리는 **수지**♥♥가 있어 눈을 추위 로부터 보호합니다. 이른 봄 숲에서 가장 먼저 꽃을 피우는 생강 나무의 겨울눈도 겉보기엔 비늘만 싸여 있는 것 같은데 안쪽에 는 털이 많이 있어서 추위로부터 눈을 지켜 줍니다.

　겨울눈은 봄이 되면 잎이 될 수도, 꽃이 될 수도, 가지가 될 수도 있어요. 그렇지만 아무리 전문가라고 해도 겨울눈을 보고 꽃이 될지 잎이 될지 정확히 알아맞히기란 무척 어렵습니다. 겨

♥　겨울눈을 싸고, 꽃이나 잎이 될 연한 부분을 보호하는 이러한 비늘 조각을 아린(눈껍질)이라고 한다.

♥♥　소나무나 전나무 따위의 나무에서 분비하는 점도가 높은 액체.

울눈은 크게 영양눈, 생식눈, 혼합눈으로 나누는데 영양눈은 잎이나 줄기로 자랄 눈입니다. 생식눈은 꽃이 될 눈이고 혼합눈은 잎과 줄기와 더불어 꽃이 될 수 있는 그러니까 모든 가능성을 지닌 눈이에요. 왜 혼합눈은 잎, 줄기 그리고 꽃의 가능성까지 담고 있을까요? 생각해 보세요. 나무가 겨울을 지내는 동안 한 번도 경험하지 못했던 추위가 닥치면 겨울눈이 얼어 버릴 수도 있어요. 또 누군가 지나가다가 망가뜨리거나 겨우내 배고픈 동물이 겨울눈이 붙은 가지를 먹을 수도 있지요. 그러기에 가능성을 모두 열어 놓고 준비하는 거예요.

독일의 시인이자 자연과학자였던 괴테는 《식물변형론 (Metamorphose der Pflanzen)》에서 "꽃은 잎이 변형된 것"이라고 주장했어요. 괴테의 이 주장은 분자생물학이 발전하면서 사실로 입증되었죠. A, B, C라는 세 종류의 유전자 조합으로 꽃잎, 꽃받침, 암술, 수술 그리고 잎이 형성된다는 게 밝혀졌어요. A만 발현하면 꽃받침이, A와 B가 발현하면 꽃잎이, C만 발현하면 암술이, B와 C가 발현하면 수술이 만들어지고, A, B, C가 모두 발현하면 잎사귀가 된다고 해요. 그런데 어떤 이유에서 유전자 조합이 이렇게 저렇게 되는지는 여전히 모른답니다. 알수록 모르는 게 많아져요. 프랑스 작가인 마르셀 프루스트는 "진정한 탐험이란 새로운 풍광이 펼쳐진 곳을 찾는 게 아니라 새로운 눈으로 여행하는 것"이라고 했어요. 늘 보던 풍경을 새로운 눈으로 탐험하다 보면 얼마나 새로운 것들이 보일까요? 그리고 얼마나 더 알고 싶은 게 많이 생길까요? 모르던 것을 알게 되면 이해하는 범위도 넓어지고 그래서 더 큰 세상을 경험하게 된답니다.

아직 추운데 겨울눈이 부풀면 어떻게 될까?

아직 추운 겨울, 백목련 나무 아래에 짐승 털을 닮은 겨울눈 털들이 수북이 떨어져 있어요. 봄이 오려면 시간이 더 필요한데 그 사이에 겨울눈은 점점 커지면서 입고 있던 털옷을 갈아입어요. 백목련의 경우 옷을 세 번 갈아입고서야 꽃을 피웁니다. 쪽동백나무, 때죽나무, 은사시나무 등의 겨울눈도 털로 덮여 있어요. 백목련처럼 제법 큰 겨울눈도 있지만 아주 작은 겨울눈도 있어요. 손바닥보다 훨씬 큰 떡갈나무잎을 한번 떠올려 보세요. 그토록 큰 잎이 다 들어 있는 겨울눈은 얼마나 클까 싶은데 정말 보잘것없이 작아요. 새잎이 처음부터 큰 건 아니지만 잎맥도 다 있어요. 차곡차곡 잘 접어 공간을 최대한 효율적으로 활용해서 겨울눈 보따리에 넣어 두었답니다. 지진이 자주 일어나는 일본에서는 생존 배낭을 준비해 둔다고 해요. 혹시 모를 재난에 대비해 생존에 꼭 필요한 물건들을 넣은 배낭입니다. 겨울눈은 나무의 생명을 이어 가기 위해 꼭 필요한 것을 담은 생명 보따리가 아닌가 싶어요. 나무가 생명을 유지하려면 양분 공장인 잎도 필요하고 자손을 번식시킬 꽃도 필요하고 잎과 꽃을 달고 있을 가지도 필요한데 그 모든 걸 겨울눈에 넣어 두었으니까요.

관찰하기

나뭇가지 살피기

나뭇가지에는 크고 작은 겨울눈이 붙어 있고 가지의 위치마다 조금 다른 눈이 붙어 있어요. 가지 끝에 붙어 있는 눈을 정아라 하고 나무의 가지와 잎자루가 만나는 부위에 생긴 눈을 측아라 합니다. 또 지난해 잎이 붙어 있는 자리가 흔적으로 남아 있어요. 이를 엽흔이라고 해요. 나무마다 특색 있는 엽흔을 감상해 보세요. 동물 모양 같기도 하고 외계인 같기도 합니다. 나무 도감을 참고하면서 어떤 나무인지도 확인해 보면 알아 가는 재미가 큽니다. 확대경으로 엽흔을 자세히 살펴보면 또 어떤 흔적을 발견할 수 있는데 관속흔이라고 해요. 가지에서 잎으로 연결된 관다발의 흔적입니다.

두릅나무 엽흔. ⓒ최원형.

겨울눈 세로로 잘라 관찰하기

백목련, 생강나무, 칠엽수 등의 겨울눈을 준비해 보세요. 그다음 잘 드는 칼로 겨울눈을 세로로 반을 갈라서 안을 확대경으로 살펴봅니다. 주변에서 쉽게 볼 수 있는 수수꽃다리의 겨울눈에는 그 작은 곳에 100장이 넘는 꽃잎이 들어 있다고 해요. 잎과 꽃을 좁은 공간에 얼마나 효율적으로 잘 접어 넣었는지 입이 다물어지지 않아요. 어떤 기계도 할 수 없는 솜씨를 발휘한 나무에 경외감이 들지 않을 수 없어요!

겨울눈이 있다면 여름눈도 있을까?

춥다고 따뜻한 곳으로 갈 수 없는 나무가 새 눈을 보호하도록 진화한 게 겨울눈이잖아요? 그래서 겨울눈은 나무나 여러해살이풀에서 볼 수 있지만 한해살이풀에서는 볼 수 없어요. 한해살이풀은 가을이 되면 씨를 남기고 생을 마감하니 굳이 겨울눈을 만들 필요가 없거든요. 한해살이풀에 있는 눈은 봄에 씨앗을 뿌리면 싹이 나서 여름 무렵 싹을 틔우는 눈이라 해서 **여름눈**♥♥♥ 이라 불러요.

♥♥♥ 여름에 나서 그해 안으로 완전히 자라는 눈.

한편 여러해살이식물이어도 겨울철 땅속에 뿌리만 남고 줄기는 사라지는 풀의 경우 역시 비늘이나 털옷으로 된 겨울눈을 입지 않아요. 갈대나 쑥, 괭이밥, 명아주, 토끼풀, 환삼덩굴 같은 경우가 여기에 해당됩니다. 또 쪽동백나무, 작살나무, 때죽나무, 분꽃나무처럼 겨울눈이지만 비늘 같은 별도의 보호 장치로 싸여 있지 않은 눈을 나아(벗은눈)라고 해요. 여름에 주홍색 화려한 꽃을 피우는 참나리는 똑똑 떨어지는 눈을 가졌는데 구슬 같은 눈이라고 해서 주아라 합니다. 양파와 마늘도 눈이에요. 그러고 보니 우리는 날마다 눈을 먹고 있네요. 감자와 고구마를 두고 뿌리냐 줄기냐 헷갈릴 때가 많은데 눈이 붙어 있으면 줄기, 눈이 없으면 뿌리예요. 봄에 감자 눈을 심잖아요? 그러니까 우리가 먹는 감자는 정확히 줄기입니다. 반면 고구마는 감자와 비슷한데 눈이 없기 때문에 뿌리예요.

봄이 되어도 바싹 마른 잎을 달고 있는 나무들은 왜 그럴까?

보통 가을이면 단풍이 들고 낙엽이 집니다. 그런데 겨울이 지나고 새봄이 오도록 마른 잎을 달고 있는 나무가 보여요. 이런 현상이 북반구에 있는 온대 활엽수림에 있는 나무들에게 보이는데 낙엽 발생 지연(leaf marcescence) 현상이라고 해요. 모든 나무에서 이런 현상이 발생하는 건 아니고 주로 단풍나무류, 참나무류, 느릅나무류 그리고 감태나무류에서 볼 수 있어요. 기온이 낮아지면 식물의 물관이 얼 수 있어요. 그래서 미리 대비하려고 줄기에서 잎으로 가는 관다발을 막는 현상이 일어나는데 옥신이라는 호르몬이 줄어들면서 생기는 과정이에요. 그런데 관다발이 막혀 줄기에서 수분을 전달받지 못한 잎이 말라 떨어질 것 같은데도 그대로 붙어 있는 건 무슨 이유에서일까요? 떨켜층(잎이 나무에서 분리되는 부분)이 형성되지 않았기 때문이에요. 아직 정확히 밝혀지진 않았지만 두 가지 가설이 있습니다. 하나는 나무가 겨울 동안 누런 잎을 달고 있음으로써 곤충이나 새들로부터 겨울눈을 보호하기 위함이라는 거고요. 또 하나는 특정 나무에서만 이 현상이 관찰되기 때문에 특별한 생태 기능이라기보다는 진화의 산물이 아닐까 한다는 거예요. 여러분 생각은 어떤가요?

지구의 기온은 1월 말을 정점으로 조금씩 올라가요. 왜냐하면 동지가 일 년 중 밤이 가장 긴 날이고 이건 낮이 가장 짧다는 뜻이잖아요? 햇빛을 가장 짧게 받으니까 가장 추워야 하지만 지구 기온이 내려가는 데까지는 시간이 걸려요. 그래서 동지 한 달 뒤인 1월 말쯤 기온이 가장 낮습니다. 이제 봄이 도착한다는 입춘은 2월 초에 있지요. 그렇지만 추위는 그렇게 금방 물러가지 않아요. 기온이 풀리는가 싶다가 갑자기 추위가 닥치는 꽃샘추위까지 물러가야 이제 봄입니다.

로제트와 풀의 겨울나기
"연약한 풀도 겨울을 견딜 수 있을까?"

　　나무는 겨울 동안 겨울눈으로 지내는데 그렇
다면 풀은요? 한해살이풀도 있지만 두해살이, 여러해살이풀도
있잖아요? 겨울에도 풀을 볼 수 있습니다. 추운 겨울 집 밖으로
나가 풀을 찾아보아요. 혹시 잎을 바닥에 다 펼쳐 놓고 있는데
초록빛이 선명하지도 않고 어째 시든 것 같은 풀이 보이나요?
이렇게 바닥에 납작 붙어 잎을 한껏 펼친 채 겨울을 나는 풀의
잎 형태를 로제트라고 합니다. 장미꽃 모양을 닮았다고 해서 붙
여진 이름이에요. 주로 두해살이나 여러해살이풀이 겨울에 월동
하기 위해 이런 형태를 취하는데요. 모든 규칙에 예외가 있듯이
민들레는 겨울뿐만 아니라 일 년 내내 로제트 상태로 살아갑니
다. 이런 풀을 발견했다면 한 손으로 잎을 가운데로 모아서 살짝
당겨 보세요. 실제로 뽑진 말고요. 당겨 보면 뿌리가 얼마나 단
단히 박혀 있는지 느껴질 거예요. 살아 있다는 거지요. 또 잎이

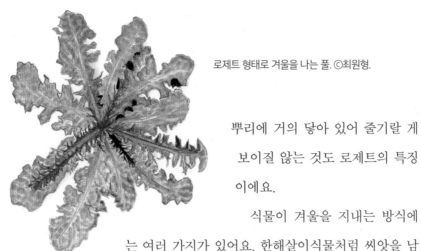

로제트 형태로 겨울을 나는 풀. ⓒ최원형.

뿌리에 거의 닿아 있어 줄기랄 게 보이질 않는 것도 로제트의 특징이에요.

식물이 겨울을 지내는 방식에는 여러 가지가 있어요. 한해살이식물처럼 씨앗을 남기고 아예 생을 마감하는 식물이 있고, 두 해 또는 여러 해를 사는 식물도 있어요. 주로 풀의 생활사가 그렇지요. 나무는 한 해만 살 수 없으니 단단히 채비한 눈으로 겨울을 지내는데 풀은 좀 복잡합니다. 땅속에서 뿌리만 남긴 채 겨울을 지내는 식물도 있고 잎을 그대로 둔 채 겨울을 지내는 식물도 있어요. 각각 장단점이 있겠지요. 그중 잎을 포기하지 않은 식물이 겨울을 나는 방법이 로제트예요. 잎을 바닥에 한껏 펼쳐 두면 빛을 고르게 받을 수 있고 추운 겨울바람을 최대한 피할 수 있죠. 그뿐 아니라 로제트 식물은 미생물이 낙엽을 분해하며 생기는 열도 활용합니다. 한편 잎에 잔털이 나 있는 로제트 식물도 꽤 있어요. 이렇게 잎을 달고 겨울을 지내는 까닭은 잎을 미리 준비하고 있다가 따뜻한 봄이 왔을 때 누구보다 먼저 꽃을 피우려는 거예요. 주로 두해살이풀이 로제트 형태로 겨울을 나는데, 첫해 가을에 잎을 내고 바닥에 납작 붙어 로제트로 겨울을 지낸 뒤 다음 해가 되면 꽃대를 올려 꽃을 활짝 피우고 씨앗을 남긴 뒤 생을 마감합니다. 두해살이풀로 꽃다지, 애기똥풀, 꽃마리, 봄까치풀, 산괴불주머니, 지칭개, 방가지똥 등이 있어요. 처음 듣는 풀이라면 생김새를 꼭 찾아보세요. 찾아보고 나면 길을 걷다가도 '나야, 만나서 반가워' 말을 건네는 풀꽃의 소리가 들릴 거예요. 이름을 알게 되면 어쩐지 더 친해진 느낌이 들고 관심도 더 생기거든요.

우리 식탁에도 로제트가 피었어요.

봄동이라 불리는 배추는 평소 보는 배추와는 완전히 다른 모양으로 그야말로 깔고 앉아도 될 정도로 넓게 퍼져 있어요. 겨울을 지내느라 그렇게 퍼진 거였어요. 로제트인 거지요. 겨울에 나오는 시금치나 냉이도 로제트예요. 우리 식탁에 로제트가 오르고 있었다니 더 반갑지 않나요? '시금치는 아닌데?'라고 고개가 갸우뚱해진다면 겨울 시금치를 생각해 보세요. 하우스가 아닌 추운 밭에서 겨울을 나는 시금치는 방석처럼 납작하면서 넓어요. 하우스에서 기른 시금치보다 이렇게 추운 밭에서 자란 시금치가 단맛이 나고 더 맛있어요. 그렇다면 시금치에서 왜 단맛이 날까요? 추운 겨울을 견뎌야 하는 식물이 가장 많이 만들어 내는 물질이 당분이라고 해요. 얼지 않도록 당분뿐만 아니라 아미노산과 비타민 같은 물질을 만들어서 어는점을 낮춥니다. 겨울에 자동차에 부동액을 넣는 것과 같은 이치이지요. 겨울에 밭에서 기른 시금치가 더 달고 맛있다는 사람들의 입맛은 과학적으로도 맞는 얘기였어요.

봄에는 왜 노란 꽃이 많을까?

꽃다지라는 식물의 로제트를 자세히 들여다보세요. 잎에 짧은
털이 빽빽하게 나 있어요. 추위가 들어설 틈이 없도록 준비를 단
단히 하고 있지요? 남쪽 지역 양지바른 곳이라면 2월 중순쯤에
꽃대가 올라오기 시작하고 꽃이 핍니다. 봄에는 특히 노란색 꽃
이 많이 피어요. 쌓인 눈을 뚫고 꽃을 피우는 복수초부터 민들
레, 유채, 꽃다지, 애기똥풀, 피나물, 동의나물, 산괴불주머니 같
은 풀꽃도 노란색이고 영춘화, 개나리, 황매화 그리고 참나무 종
류, 버드나무 종류도 모두 노란색 꽃을 피워요. 식물학자 강혜순
에 따르면 우리나라에서 피는 3,600여 종의 식물 가운데 하얀색
꽃이 32%로 가장 많다고 해요. 뒤를 이어 24%가 빨간색 꽃을,
21%가 노란색 꽃을 피운다고 해요. 그렇다면 봄꽃만 유난히 노
란색이 많은 건가 싶기도 합니다. 식물이 꽃을 피우는 이유는 꽃
가루를 옮겨 줄 곤충을 유인하기 위해서예요. 노란 꽃에 누가 찾
아오는지 관찰해 보세요. 기온이 낮은 초봄부터 활동을 시작하
는 곤충으로 벌을 닮은 파리목의 등에가 있는데 노란색을 특히
좋아한다고 해요. 물론 등에가 노란색만 좋아하는 건 아니에요.

이른 봄에 산길을 걷다가 양지바른 곳에서 붕붕거리는 소
리를 들었어요. 소리 나는 곳을 찾다가 꽃다지의 노란 꽃 위에
있는 털보재니등에를 발견했지요. 우리나라에서 발견된 재니등

엣과 곤충은 다섯 종인데 크기가 가장 작은 빌로오도재니등에의 몸길이는 7~11mm이고 가장 큰 나나니등에가 13~15mm입니다. 겨우 1cm 안팎의 등에가 날갯짓을 하는 소리가 그렇게 컸다는 사실이 제게 꽤 충격이었어요. 털보재니등에는 꽃다지 꽃에 있는 꿀을 먹으려 긴 빨대 입을 넣었다 뺐다 하느라 **호버링**🌱을 하는 중이었어요. 그러고 보니 이른 봄부터 활동하는 재니등에류의 몸에도 털이 북실북실하네요.

봄이 들어선다는 입춘, 얼었던 강물이 풀린다는 우수, 두 절기가 들어 있는 2월입니다. 겨울 끝자락이라고 해도 여전히 추워요. 그런데 춥다는 말이 미안할 정도로 바깥에는 초록색 풀이 보여요. 온갖 전략으로 곤충을 불러들이면서 일찍 꽃을 피우는 까닭은 다른 식물들이 키를 키우기 전에 얼른 씨를 만들어 후손을 퍼뜨리기 위함이에요. 겨울을 지나고 있는 로제트 한 포기가 얼마나 치열하게 살고 있는지 느껴지나요?

🌱 제자리에서 정지비행하는 것.

질문으로 시작하는 생태 감수성 수업

더 알아보기

1월 한겨울에 꽃을 피우는 식물도 있다?

복수초는 눈이 쌓인 1월부터 꽃을 피우기도 해요. 곤충이 노란색을 아무리 좋아해도 아직 추운 계절에는 다른 장점이 더 있어야 곤충을 끌어들일 수 있어요. 복수초 꽃잎은 오목렌즈의 입사면처럼 빛을 모으는 역할을 합니다. 게다가 꽃잎이 겹겹이 쌓여 있어서 온기가 빠져나가지 못하도록 가두지요. 마치 태양광 조리기처럼요. 해바라기처럼 해가 움직이는 방향을 따라 움직이기까지 하고요. 이런 노력으로 꽃 안쪽 온도가 바깥쪽보다 최소 5~7도 정도 높다고 합니다. 추운 곤충에게 따뜻한 식당은 너무나 매력적이지 않나요? 앉은부채도 이른 봄에 꽃 안쪽을 따뜻하게 해서 곤충을 유인하는 식물이랍니다.

3월

◇ 딱따구리와 새들의 집

딱따구리가 나무에 구멍을 뚫으면 나무가 망가지지 않을까?

딱따구리는 나무를 얼마나 두드릴까?

까치는 집 짓는 데 필요한 나뭇가지를 어디서 가져올까?

◇ 뱀밥과 쇠뜨기 그리고 화석식물

어떻게 몇억 년 전부터 살던 식물이 지금까지 남아 있을까?

쇠뜨기와 뱀밥, 같은 식물인데 왜 생김새도 이름도 다를까?

뱀밥은 왜 육각형 모양을 하고 있을까?

◇ 씨앗과 종자

가을에 땅에 떨어진 씨앗도 왜 봄이 되어야만 싹을 틔울까?

겨울에 꽃을 피워 봤자 제대로 씨앗을 맺지도 못하는데 식물들은 왜 그러는 걸까?

씨앗은 잎도 없는데 양분을 어디서 얻는 걸까?

하우스 비닐은 투명한데 밭에는 왜 검정 비닐을 씌울까?

왜 씨앗을 손가락 두 마디 깊이로 심어야 할까?

따르르르륵

딱따구리와 새들의 집

"딱따구리가 나무에 구멍을 뚫으면
나무가 망가지지 않을까?"

2월 중순부터 딱따구리가 나무를 두드리는 소리가 경쾌하게 들려요. 딱따구리의 드러밍 소리가 들리면 틀림없이 봄이 온 거예요. 딱따구리가 짝을 찾기 시작했다는 뜻이니까요. 딱따구리가 나무를 두드리는 경우는 짝을 찾거나 영역 표시를 할 때, 그리고 능력을 과시할 때입니다. 그렇게 나무를 두드려 대면 어지럽지 않을까 싶지만 딱따구리의 뇌는 어지러움을 느끼지 못하도록 진화했다고 해요.

동그랗게 구멍 뚫린 나무를 더러 보게 되는데 이는 딱따구리가 뚫어 둔 둥지 입구입니다. 나무에 구멍을 뚫게 되면 그 안으로 빗물이 들어가서 나무에 해를 입힐 수 있어요. 그런데 딱따구리는 나무에 구멍을 뚫을 때 빗물이 들이치지 않는 방향을 고려한답니다. 나무에 피해를 주지 않으려고 그러는 걸까요? 구멍은 둥지로 쓸 건데 그곳으로 빗물이 들어가면 새끼를 제대로 기를 수 없어서일 수도 있겠죠? 딱따구리 세계에 기상 위성이 있는 것도 아니고 비가 주로 어느 쪽으로 들이치는지 어떻게 알까요?

나무줄기에서 비를 많이 맞는 부분과 그렇지 않은 부분을 구분하는 딱따구리만의 방법이 있는 건지도 모르겠어요. 딱따구리는 둥지를 만들기 전에 나무줄기를 빙 돌아가며 부리로 쪼아 보거든요. 어쩌면 이런 과정을 통해 나름의 정보를 얻을 거예요. 왜냐하면 딱따구리는 대체로 빗물이 들이치지 않는 곳에다 둥지를 만드니까요. 그뿐만 아니라 둥지 구멍이 향한 곳을 살펴보면 볕이 잘 들고 통풍도 잘되는 곳이랍니다. 이런 조건으로 구멍을 뚫으니 딱따구리가 구멍을 뚫는다고 나무가 망가지진 않아요. 가끔 태풍이 지나가고 난 뒤 나무가 뿌리째 뽑힌 장면을 본 적 있을 거예요. 딱따구리가 새끼를 기르고 있는데 갑자기 태풍이 오면 얼마나 낭패일까요? 딱따구리는 태풍이 오기 전인 7월 전에 번식을 마쳐요.

우리나라에서 번식하는 딱따구리는 모두 여섯 종류로 쇠딱따구리, 아물쇠딱따구리, 오색딱따구리, 큰오색딱따구리, 청딱따구리, 까막딱따구리입니다. 크낙새라는 딱따구리도 한때 살았지만 멸종되어 이젠 볼 수 없어요.

보통 새들은 새끼를 낳고 기르기 위한 번식용으로 둥지를 사용합니다. 그런데 딱따구리는 번식을 위한 둥지뿐만 아니라 잠자기 위한 둥지도 갖고 있어요. 어떤 둥지가 번식 둥지인지 잠자리 둥지인지는 나무줄기를 보면 어느 정도 짐작할 수 있어요. 번식용은 새끼를 여러 마리 길러야

크낙새.
ⓒ최원형

해서 나무줄기가 적어도 지름 30cm는 넘어야 하거든요. 잠만 자기 위한 둥지라면 줄기가 좀 가늘어도 상관이 없지요. 둥지 구멍의 크기와 모양을 보면 대략 어떤 딱따구리의 둥지인지도 알 수 있어요. 가장 몸집이 작은 쇠딱따구리의 경우 입구가 100원짜리 동전 크기만 합니다. 오색딱따구리는 탁구공 크기, 큰오색딱따구리는 몸이 길어서 달걀 모양으로 조금 더 크지요. 청딱따구리의 둥지 구멍은 자두알 정도 그리고 가장 큰 까막딱따구리의 둥지 구멍은 참외 크기 정도입니다. 또 딱따구리에 따라 둥지를 높게도 낮게도 지어요. 청딱따구리가 가장 낮게 둥지를 짓습니다.

딱따구리 둥지는 나무에 해를 끼치는 게 아니라 오히려 숲을 이롭게 하는 데 큰 기여를 해요. 딱따구리가 파 놓은 둥지에 이런저런 신세를 지며 사는 동물이 적어도 15종 이상 되거든요. 아직 딱따구리가 사용하고 있는 둥지도 파랑새, 동고비, 큰소쩍새 등이 차지하려고 쟁탈전을 벌이기도 하고, 딱따구리가 더 이상 사용하지 않는 둥지에는 소쩍새, 원앙, 하늘다람쥐, 박새, 다

람쥐뿐만 아니라 말벌 같은 곤충도 와서 집을 짓고 삽니다. 우리 숲을 가꾸는 게 딱따구리라고 하지 않을 수 있나요?

딱따구리가 생태계에 미치는 역할

딱따구리는 죽은 나무를 토양으로 분해하는 과정을 돕습니다. 나무가 죽으면 나무딱정벌레, 나무좀벌레, 기타 곤충들이 찾아와 나무를 먹는데, 이때 나무를 소화하는 곰팡이도 가지고 옵니다. 딱따구리는 죽은 나무를 두드려 나무를 쪼개고 벌레를 찾아 먹어요. 이렇게 나무를 노출시킴으로써 더 많은 곤충과 곰팡이가 나무에 접근하는 것을 증가시키지요. 이는 일종의 피드백 루프(반복되는 피드백 회로)를 생성하고 결국 나무는 유기 토양으로 재활용됩니다. 이 토양은 다음 세대의 나무, 곤충, 딱따구리를 키울 것입니다.

딱따구리의 날

미국의 오리건주 시스터스를 중심으로 해마다 6월 첫째 주말에 딘 헤일 딱따구리 축제가 열립니다. 탐조가이자 환경보호론자이며 교사였던 딘 헤일의 이름을 딴 이 축제에서는 시스터스에 있는 딱따구리와 다른 새들을 탐조하면서 탐조가들과의 만남이 이루어진다고 해요. 우리나라에서는 딱다구리보전회가 4월 27일을 딱따구리의 날로 만들어 딱따구리를 비롯한 숲과 생물 보전 활동을 해요.

딱따구리는 나무를 얼마나 두드릴까?

딱따구리 종에 따라 둥지를 만드는 데 소요되는 기간은 다르겠지만 보통은 3주 정도 걸린다고 해요. 딱따구리를 오랜 시간 관찰한 김성호 작가에 따르면 딱따구리는 둥지를 만들 때 나무를 하루에만 1만 2,000번가량 쫍니다. 이걸 3주 정도 두드린다고 계산해 보세요. 철로 만든 칼도 오래 사용하면 닳듯 딱따구리 부리도 둥지를 만드느라 이토록 많이 그리고 오래 두드리면 닳을 수밖에 없지 않을까요? 이렇게 고생스레 둥지를 만들었는데 다른 동물에게 뺏길 때도 있어요. 또 둥지 주인이 삶을 다할 경우 그 둥지는 새로운 동물 차지가 됩니다. 동물 세계의 놀라운 사실 하나는 그렇게 누군가가 힘들게 지은 둥지를 돈으로 거래하지 않는다는 사실이에요. 부리가 닳도록 쪼아 둥지를 만드는 딱따구리가 만약 우리 숲에서 사라진다면 어떤 일이 벌어질까요? 딱따구리 둥지에서 번식하는 많은 동물들이 번식할 장소를 어디서 또 찾을 수 있을까요?

딱따구리가 싫어하는 나무가 따로 있을지도 궁금하지 않나요? 많이 두드려야 하니 딱딱한 나무를 좋아하지 않을 거예요. 또 하나 딱따구리가 둥지를 잘 만들지 않는 나무가 있는데 바로 소나무입니다. 소나무에는 찐득거리는 송진이 있거든요. 그런데 송이버섯을 얻겠다고 소나무를 심고 한국인이 좋아하는 나무라

고 소나무를 심어요. 딱따구리가 숲에서 보
이지 않는 역할을 얼마나 많이 하는데 왜
하필 딱따구리가 싫어하는 소나무를 자꾸 심
는 걸까요? 딱따구리가 가장 좋아하는 나무는 죽
은 나무랍니다. 둥지를 만들기 수월하기 때문이지요.
그러니 숲에는 살아 있는 나무뿐 아니라 죽은 나무조차
어우러져 있어야 해요.

청딱따구리. ©최원형.

까치는 집 짓는 데 필요한 나뭇가지를 어디서 가져올까?

우리 가까이에서 둥지를 짓는 대표적인 새 하면 까치이지요. 까
치는 11월부터 집을 짓기 시작해서 다음 해 3월까지 아주 느긋
하게 집을 짓는답니다. 집 짓는 까치를 관찰하다가 재미난 장면
을 목격했는데 둥지에 쓸 나뭇가지를 나무에서 분질러 가져가는
장면이었어요. 떨어진 나뭇가지는 말라서 잘 부러지는데 왜 살
아 있는 나무에서 힘겹게 잘라 가져갈까요? 살아 있는 나무에서
자른 가지는 탄력이 있어서 둥지 재료로 훨씬 좋거든요. 까치는
이 사실을 어떻게 알았을까요? 동물들 세계에서도 경험은 대를
이어 전해지는 것 같아요.

우리 가까이에 사는 흔한 새로 참새가 있어요. 참새 둥지를

둥지에 든 푸른색 알. ⓒ최원형.

본 적 있나요? 저는 참새 둥지가 너무 궁금했어요. 어느 날 산책을 하던 중 참새 소리가 요란한데 참새는 보이질 않는 거예요. 걸음을 멈추고 소리에 귀를 기울이는데 글쎄 에어컨 실외기를 연결하느라 뚫어 두었던 아파트 외벽 구멍에서 참새가 나오더라고요. 참새는 오래전부터 사람 가까이에 살았어요. 초가집 지붕 틈바구니에도 한옥 기왓장 틈에도 참새가 둥지를 틀고 살았지요. 도시 신호등, 가로등에 있는 구멍을 유심히 살펴보세요. 참새 소리가 들린다면 그곳에 참새 둥지가 있을 확률이 높아요.

작은 새들은 갈대숲이나 덤불 속에도 밥그릇 모양의 집을 짓고 번식합니다. 새들만 둥지를 짓는 건 아니에요. 멧밭쥐라는 설치류도 둥지를 만들어요. 멧밭쥐는 새끼손가락 정도 크기에 몸무게가 6g 정도밖에 안 되는 아주 작은 설치류입니다. 이토록 가벼우니 덤불에다 둥지를 만드는 걸까요? 덤불이 있어야 새도 멧밭쥐도 살아갈 수 있겠네요. 나무와 아름다운 꽃으로 예쁘게 꾸며 놓은 공원에 덤불이 있는지 살펴보세요. 덤불 없이 말끔하게만 정리된 공원이라면 다양한 생명이 살아가기 어려울 거예요. 꼭 말끔한 것만이 좋은 게 아니에요. 자연을 바라보는 관점이 바뀌어야 공존할 수 있습니다.

 더 알아보기

둥지 종류

조류의 둥지는 다양합니다. 쏙독새나 꼬마물떼새 등은 바닥에 둥지를 짓고 물총새나 호반새는 절벽에 굴을 파서 둥지를 만들어요. 딱따구리처럼 구멍을 뚫어 둥지를 만드는 새가 있는가 하면 그 둥지에 진흙을 발라 리모델링하는 동고비 같은 새도 있고요. 물에서 주로 사는 새들은 물 위에 뜨는 부유형 둥지를 만듭니다. 대표적으로 물닭이나 고니류가 부유형 둥지를 만들어요. 개개비나 붉은머리오목눈이처럼 덤불에서 살아가는 조류는 갈대 줄기에 밥그릇 모양의 둥지를 만들어요. 그리고 제비는 진흙에 마른 풀을 섞고 자기 침을 접착제로 이용해서 둥지를 만들기도 하지요. 둥지를 통해 조류의 서식지를 알 수 있어요. 둥지 안에 폭신한 이끼나 동물 털을 깔기도 해요.

둥지를 짓기 위해 개털을 물고 가는 딱새. ⓒ최원형.

뱀밥과 쇠뜨기 그리고 화석식물

"어떻게 몇억 년 전부터 살던 식물이
지금까지 남아 있을까?"

1945년, 미국이 일본 히로시마에 떨군 핵폭탄으로 히로시마와 인근 지역까지 폐허가 되어 버렸어요. 그해 12월까지 사망자 수만 14만 명에 이르렀다니 얼마나 끔찍한 재앙이었는지 느껴지나요? 그런데 그 폐허 더미에서 가장 먼저 싹을 틔운 식물이 쇠뜨기였답니다. 뜨거운 방사능 열을 피할 수 있을 정도로 땅속 깊이 뿌리를 뻗은 덕분이지요. 쇠뜨기는 화석으로 발견되는 식물이면서 지금도 볼 수 있는 식물이에요(화석식물이면서 지금도 볼 수 있는 식물들이 우리 주변에 꽤 있지요. 은행나무, 고사리, 쇠뜨기, 소철, 메타세쿼이아, 금송 등입니다).

쇠뜨기는 지구에 등장한 지 무척 오래되었어요. 3억 년 전쯤인 고생대 말 석탄기에 번성했죠. 지금까지 지구에는 다섯 번의 대멸종이 벌어졌는데, 쇠뜨기가 지구에서 살기 시작한 후 벌어진 대멸종이 세 차례나 돼요. 그 과정을 다 견디며 살아 낸 식

질문으로 시작하는 생태 감수성 수업

쇠뜨기와 뱀밥. ⓒ최원형.

물이라니 얼마나 생명력이 강인한지 느껴지지 않나요? 이렇게
질긴 생명력 때문에 제거가 어려운 풀이기도 해요. 우리 집 보리
수 화분에도 쇠뜨기가 사는데 초록색이 참 예뻐요. 가끔 너무 많
아진다 싶어 뽑으려다 보면 마디만 끊어질 뿐 뿌리째 뽑은 기억
은 없어요. 쇠뜨기는 꽃도 피지 않고 씨도 맺지 않아요. 그럼 어
떻게 번식하냐고요?

쇠뜨기와 뱀밥, 같은 식물인데 왜 생김새도 이름도 다를까?

쇠뜨기는 홀씨로 뿌리줄기를 길게 뻗으며 번식하지요. 이때 홀씨가 달리는 생식줄기를 뱀밥이라 부르고 뿌리줄기를 뻗으며 자라는 부분(영양줄기)을 쇠뜨기라 불러요. 식물 하나에 이름이 두 개나 붙었지만 이 둘은 같은 식물이랍니다. 가끔 뱀밥의 줄기에서 자라고 있는 초록색 쇠뜨기를 볼 수 있거든요. 관찰은 이렇게 중요해요. 오랜 옛날에도 이런 모습을 관찰한 누군가가 있지 않았을까요?

뱀밥은 뱀이 밥으로 먹어서 지어진 이름이 아니에요. 모양이 뱀의 머리처럼 생겼다고 해서 붙여진 이름이라는데 어떤 이는 붓을 닮았다고도 합니다. 영어로는 Field Horsetail로 말꼬리 모양을 닮았다고 생각해서 붙여진 이름일 듯한데, 여러분은 어떤 이름이 가장 어울린다고 생각하나요? 한편 쇠뜨기는 소가 잘 뜯어 먹어서 붙여진 이름이라고 하는데 실제 소는 별로 좋아하지 않는다고 해요. 이젠 그걸 확인하기도 어렵게 되었어요. 요즘엔 공장식 축사에서 사료를 먹여 가며 키우니 소가 쇠뜨기를 좋아했다고 해도 이미 그 입맛을 잃어버렸을 것 같기도 하고요.

봄이 오면 뱀밥을 기다려요. 모양이 독특한데 특히 홀씨주머니 이삭이 신기하거든요. 이른 봄, 볕이 잘 드는 풀밭이나 하천가를 살펴보세요. 마른 풀 더미 사이로 엷은 갈색이 삐죽삐죽 보일 겁니다. 대략 벚꽃이 피기 20일쯤 전부터 돋아나기 시작하는데 혹시 보이지 않는다면 마른 풀을 가만히 헤쳐 보세요. 마른 풀을 이불 삼아 덮고 있는 뱀밥을 발견했다면 겨울잠을 깨워 보세요. 뱀밥이 있는 곳을 찾았다면 자주 가서 들여다보며 홀씨주머니 이삭을 관찰해 보세요. 위로 쑥쑥 자라면서 홀씨주머니 이삭에 변화가 생깁니다.

뱀밥은 왜 육각형 모양을 하고 있을까?

키를 키우며 위로 쑥쑥 자라는 뱀밥의 홀씨주머니 이삭을 보면 촘촘히 붙어 있는 벌집 모양의 육각형 타일 사이가 점점 벌어지는 모습을 관찰할 수 있어요. 위에서부터 벌어지는지 아래에서부터 벌어지는지 살펴보세요(위에서부터 벌어진답니다).

　　루페로 홀씨주머니 이삭에 붙은 육각형 타일 하나를 관찰해 보세요. 하나하나가 마치 우산을 펼치듯이 퍼지는데 아래로 주머니가 붙은 게 보여요. 주머니 안에는 옅은 녹색의 홀씨가 잔뜩 들어 있어요. 뱀밥에는 꽃도 씨도 없지만 이 홀씨가 그 역할을 대신합니다. 홀씨로 자손을 퍼뜨리느라 활짝 펼쳐진 모습을 보면 꽃같이 어여쁩니다. 육각형 하나에 홀씨주머니가 적어도 여덟 개 정도 달려요. 대략 뱀밥 이삭 하나에 200만 개의 홀씨가 들어 있답니다.

뱀밥의 홀씨주머니 이삭에 붙은 육각형 타일 사이가 벌어진 것을 볼 수 있다.

　뱀밥에서 홀씨가 흩날리며 바람을 타고 멀리 퍼져 나갑니다. 홀씨를 자세히 관찰해 보면 홀씨 하나에 띠 네 개가 달려 있어요. 맑은 날 이 띠가 펴지면서 나오는데, 이때 띠가 날개 역할을 하면서 멀리 날아갈 수 있답니다. 홀씨가 다 떠나고 이제 뱀밥이 시들어 없어질 즈음 녹색의 영양줄기인 쇠뜨기가 바통을 이어받아 쑥쑥 자랍니다. 쇠뜨기는 엽록소가 있어서 광합성을 해요.

　혹시 쇠뜨기를 먹고 사는 동물이 있을까 궁금하지 않나요? 쇠뜨기처럼 오래된 식물을 먹고 사는 곤충이 있어요. 잎벌류의 애벌레가 주인공입니다. 잎벌류는 꿀벌과는 달리 꽃가루나 꿀을 먹지 않아요. 군집을 이루며 사회성이 발달한 벌도 아니에요. 6월쯤 쇠뜨기 잎이 다 사라졌다면 그 주변을 잘 살펴보세요. 잎벌의 애벌레를 발견할지도 모르니까요. 잎벌의 애벌레는 쇠뜨기의 뿌리가 뻗어 간 흙 속에 들어가 겨울을 납니다. 잎벌류는 대부분 땅속에서 월동하고, 강추위가 닥치면 자연스럽게 개체 수가 조절됩니다. 그런데 최근 기온 상승으로 겨울을 무사히 견디고 살아남는 곤충이 증가하면서 그로 인한 피해도 늘어나고 있어요. 기후 변화가 가져온 재난이 아닐 수 없습니다.

자연에는 왜 육각형이 많을까?

뱀밥에 있는 홀씨주머니 이삭은 육각형 모양입니다. 벌집 모양도 육각형이고 눈송이도 육각형이에요. 용암이 식어 갈라질 때 생기는 주상절리도 주로 육각형이고요. 왜 자연에는 육각형이 이렇듯 자주 보이는 걸까요? 육각형은 삼각형이 여섯 개 모인 구조입니다. 삼각형은 가장 힘을 고르게 받는 안정된 구조인데 공간이 좁아요. 그런 삼각형이 여섯 개 모인 구조가 바로 육각형이었던 거지요. 자연은 안정적인 구조를 찾다가 육각형을 선호하게 된 걸까요? 육각형의 안정된 구조는 과학 기기에도 종종 활용됩니다. 가령 대형 망원경의 경우 무게를 견디면서도 견고해야 하기에 육각형 구조로 설계되었어요. 고속열차, 제트기, 인공위성 등 가벼우면서도 튼튼한 몸체가 필요한 곳에 육각형 구조가 활용됩니다. KTX 열차를 보면 운전실 앞에 허니콤이라는 충격흡수 장치가 있어요. 열차가 혹시 부딪쳤을 때 충격을 80%까지 흡수하는 장치인데요. 이 장치도 육각형 구조입니다.

씨앗과 종자
"가을에 땅에 떨어진 씨앗도
왜 봄이 되어야만 싹을 틔울까?"

봄이 오니 텃밭에 사람들이 모여들어요. 올해 농사지을 밭을 고르고 씨를 심으려고요. 우리가 먹는 대부분의 음식은 씨앗으로 만들어요. 쌀, 밀, 옥수수 모두 씨앗이지요. 그러니 씨앗 없는 인류 문명이란 상상조차 어려워요. 우리 조상들은 씨앗이 떨어진 곳에서 싹이 나고 자라는 걸 보면서 농사법을 터득했을 거예요. 그렇다고 땅에 떨어진 모든 씨앗이 싹을 틔우는 건 아니에요. 누울 자리를 보고 다리를 뻗는다는 말이 있듯이 씨앗도 자기가 떨어진 곳이 싹을 틔우고 살 만한지를 누구보다 세밀히 파악합니다.

씨앗이 싹을 틔우려면 몇 가지 조건이 필요해요. 온도가 적절해야 하고 물과 공기가 있어야 하지요. 이 조건이 갖춰지지 않으면 씨앗은 때를 기다립니다. 씨앗이 언제까지 때를 기다릴 수 있을까요? 이스라엘에서는 2,000년 된 대추야자 씨앗 세 개를 발견했는데 이 가운데 하나가 발아해서 자라고 있다는 발표가 있었어요. 1,300년 된 연꽃의 씨가 싹을 틔운 사례도 있고요. 경상남도에서 연꽃 씨앗이 10개 발견됐는데 방사성탄소연대측정으로 나이를 계산해 보니 고려시대 씨앗이었다고 해요. 그러니까 600~700년 전 씨앗인 거지요. 이 가운데 세 개가 싹을 틔워 연꽃을 피웠습니다. 씨앗은 이렇게 발아할 조건이 갖춰지지 않으면 때를 기다리며 휴면에 들어가요. 몇천 년씩이나 잠들 수 있다니 놀랍지 않나요?

 더 알아보기

벼의 씨앗은 왜 익어도 쉽게 안 떨어질까?

씨앗은 익으면 떨어지는데 이 성질을 탈립성이라고 해요. 야생에 사는 식물은 모두 이렇듯 탈립성이 있지요. 어디론가 날아가든 동물의 몸에 붙어 가든, 터지는 힘에 의해 튕겨 가든 멀리멀리 갑니다. 그게 자손을 널리 퍼뜨리는 식물의 전략이니까요. 그런데 벼를 한번 생각해 보세요. 만약 벼가 다 익어서 한 알씩 어디론가 튕겨 간다면 어떤 일이 벌어질까요? 벼나 밀처럼 우리가 곡물로 농사짓는 식물은 이렇게 떨어지지 않는 돌연변이에서 시작되었어요. 씨앗이 익어도 떨어지질 않으니 식물 입장에선 낭패이지만 인류는 덕분에 한곳에 정착해 농사를 지을 수 있게 되었네요.

겨울에 꽃을 피워 봤자 제대로 씨앗을 맺지도 못하는데 식물들은 왜 그러는 걸까?

늦가을에 기온이 뚝 떨어지고 이른 한파가 닥치며 일찍 겨울이 왔어요. 그런데 어느 겨울에는 이상기온으로 따뜻한 날씨가 이어지더니 식물들이 꽃을 피우는 일이 벌어지기도 해요. 계절에 맞지 않은 기온 변화도 문제인데 그렇다고 식물이 꽃을 피우는 건 곤란하지 않나요? 그런데 이건 식물 나름의 전략입니다. 우리 집 베란다에는 군자란 화분이 있어요. 겨울 내내 추운 베란다에 두는데도 봄이 오면 어김없이 백합을 닮은 주홍빛 꽃을 피웁니다. 해마다 아름다운 꽃을 선물처럼 보여 주는 게 고마워서 어느 해는 겨울 동안 따뜻한 거실에 두었더니 꽃을 피우지 않았어요. 무슨 일인가 싶어 알아보니 겨울을 지나야만 꽃을 피운다고 해요. 추위 뒤에 찾아오는 따스함을 봄이 왔다는 신호로 인지하는 식물 나름의 생존 전략인데 기후 위기로 오히려 생존이 힘들어지고 있어요.

이상기온으로 봄처럼 따뜻하다가 갑자기 한파가 닥치는 일이 겨울철에 곧잘 벌어져요. 기온 차가 뒤죽박죽이다 보니 과일나무의 꽃이 이르게 피었다가 뒤이은 한파에 그대로 얼어 버리는 일이 발생합니다. 꽃이 얼면 그해에는 열매를 수확할 수가 없어요. 기후 위기와 식량 문제는 이렇게 맞닿아 있어요. 오랜 시간 이어져 온 씨앗에게 전략을 바꿔 달라고 할 수도 없으니 안타깝기만 합니다.

씨앗은 잎도 없는데 양분을 어디서 얻는 걸까?

식물은 왜 움직일 수 없도록 진화했을까요? 그런데 식물이 우리에게 이렇게 물을 수도 있어요. 인간은 왜 움직이느냐고요. 우리는 왜 움직일까요? 아프리카에서 출발해 전 세계 대륙으로 인류의 조상이 이동한 까닭은 먹을거리를 찾기 위해서였어요. 먹을거리가 없다면 굶어 죽을 수밖에 없잖아요? 그런데 식물은 식량을 구하러 다닐 필요가 없어요. 광합성을 하니까요. 다만 씨앗에는 광합성을 할 잎이 아직 없어요. 그렇다면 어디서 양분을 얻어 싹을 틔우고 뿌리를 뻗고 떡잎을 만들까요?

씨앗은 배아, 배젖 그리고 껍질로 구성되어 있어요. 배아는 나중에 싹이 될 부분이고 배젖은 잎이 생기기 전까지 사용할 양분입니다. 일종의 도시락인 셈이지요. 배젖 대신 아예 떡잎을 준비하는 씨앗도 있어요. 콩이 대표적인 식물인데 콩 껍질 속에는 뿌리도 이미 준비되어 있답니다. 발아할 조건이 되면 떡잎이 벌어지면서 줄기를 올리고 본잎을 틔웁니다. 움직일 필요가 없을 뿐만 아니라 도시락까지 챙겨 세상에 나온 준비 천재네요.

동물에게 먹혀도 다시 자라는 볏과 식물

인류 대부분의 주식인 쌀, 밀, 옥수수는 모두 씨앗이며 볏과 식물입니다. 볏과 식물은 잎에 규소라는 딱딱한 물질을 축적해요. 규소는 유리를 만드는 원료이기도 하지요. 볏과 식물은 잎에 딱딱한 물질을 축적하고 섬유질도 많으니 동물들이 잎을 쉽게 먹지 않아요. 또 식물의 생장점은 보통 줄기 끝에 있어서 동물에게 뜯어 먹히거나 다친다면 더 이상 성장하기 어려운데 볏과 식물의 생장점은 거의 뿌리와 줄기가 이어지는 땅바닥 근처에 있어요. 그러니 동물이 위쪽에 있는 잎을 먹어 치워도 또 자랄 수 있답니다.

하우스 비닐은 투명한데 밭에는 왜 검정 비닐을 씌울까?

두 가지 비닐의 용도가 다르니까요. 하우스에는 빛이 들어와야 하니까 투명한 비닐을 씌우지만 밭에는 빛을 차단하기 위해서 검정 비닐을 씌웁니다. 왜 빛을 차단할까요? 흙 속에는 씨앗 창고라고 해도 지나치지 않을 정도로 다양한 풀씨들이 많아요. 앞에서 씨앗이 싹을 틔우기 위해서는 물과 공기, 온도라는 세 가지 조건을 갖춰야 한다고 했잖아요? 빛은 세 가지 조건에 들지 않아요. 그런데 아무리 싹을 틔울 수 있는 조건을 갖추었더라도 만약 빛이 없다면 식물은 자랄 수 없어요.

빛이 닿지 못하는 땅속에서는 무수히 많은 씨앗이 때를 기다리고 있어요. 그러다가 봄에 농작물 씨앗을 심으려 밭을 일구는 순간 빛을 보게 된 온갖 씨앗이 싹을 틔웁니다. 농부들에게 가장 힘든 게 풀이라고 해요. 뽑아도 뽑아도 나오는 풀이 아예 발을 붙이지 못하도록 검정 비닐을 덮어 흙에 빛이 닿지 못하도록 하는 거지요. 이런 걸 멀칭이라고 해요. 흙 위를 덮으면 수분 증발도 줄일 수 있어서 이점이 많습니다. 하지만 흙은 얼마나 답답할까요? 비가 많이 오고 습한 계절에는 수분이 증발되지 않기 때문에 작물에 병충해 문제가 생겨요. 쏟아지는 비닐 쓰레기도 문제지요. 검정 비닐 대신 신문지나 톱밥, 낙엽 등으로 멀칭을 하며 흙도 살리고 환경에도 이로운 행동을 하는 사람들이 늘어나고 있어요.

왜 씨앗을 손가락 두 마디 깊이로 심어야 할까?

만약 깊은 땅속에 있는 씨앗이 싹을 틔운다고 가정해 보세요. 과연 싹은 흙을 뚫고 위로 올라올 수 있을까요? 가진 양분을 다 써 버렸는데도 빛을 볼 수 없다면요?

밤낮의 기온 차는 날 수밖에 없어요. 지표면만 하더라도 낮에는 태양 빛에 데워지고 밤에는 식으니 온도 차가 생겨요. 그런

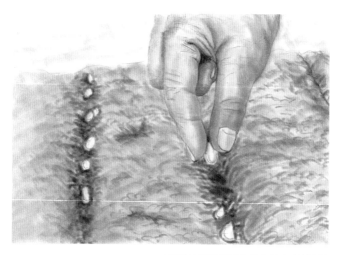

손가락 두 마디 깊이로 씨앗 심기. ⓒ최원형.

데 땅속 깊은 곳의 온도 차는 어떨까요? 바깥과 달리 온도 차가 크게 일정하기 때문에 동물들이 땅속에서 겨울잠을 잘 수 있답니다. 씨앗은 온도 변화로 자신이 어느 정도 깊이에 있는지를 가늠한다고 해요. 온도 변화가 심하다는 것은 지표면 가까이에 있다는 뜻이니까 싹을 틔워도 지상으로 올라갈 수 있다는 의미입니다. 손가락 두 마디 깊이에 씨앗을 심는 것은 씨앗의 마음을 헤아리는 걸까요?

4월

민들레와 잡초의 정의

"이름 없는 풀은 다 잡초일까? 잡초의 기준은 뭘까?"

봄이면 들판은 노랗게 핀 민들레로 가득해요. 물론 세상의 모든 민들레가 노랗지는 않지요. 드물긴 하지만 하얀 민들레도 있어요. 민들레 이름은 프랑스어로 dent-de-lion, '사자 이빨'이라는 뜻입니다. 민들레잎 가장자리가 깊게 갈라진 모양이 사자 이빨처럼 생겼다고 해서 붙여진 이름이에요. 우리나라 도감에서는 민들레잎을 '새 깃' 모양이라고 묘사하고 있어요. 생물의 이름을 살펴보면 지리적인 환경이나 문화가 느껴질 때가 많아요. 민들레처럼 이름에 동물이 들어간 식물은 꽤 있어요. 이른 봄부터 들판에 지천으로 피는 제비꽃은 제비처럼 날렵한 꽃잎 모양에서 붙여진 이름이에요. 제비를 본 적이 없는 이라면 결코 붙일 수 없는 이름이지요.

민들레는 건물의 틈바구니에서도, 무수히 많은 사람의 발길이 닿는 보도블록 틈새에서도 뿌리를 내리고 꽃을 피우는 식물이에요. 뿌리를 땅속 깊이 뻗을 수 있어서 척박한 곳에서도 물과 양분을 잘 빨아들이고요. 깊이 뻗은 뿌리는 흙을 부드럽게 만드니 흙 속으로 산소 공급을 원활히 하고 빗물이 잘 스며들도록 해 줍니다. 민들레는 약용으로도 쓰임이 많다고 해요. 이만큼 설명하고 보니 민들레가 근사한 식물로 느껴지지 않나요?

민들레를 어떤 관점에서 보느냐에 따라 잡초가 될 수도 약초가 될 수도 있다는 의미에서 '민들레 원칙'이라는 말도 있어요. 쓸모없는 풀이라는 의미에서 잡초라고 부르지만 아직 우리가 쓸모를 찾지 못했을 뿐 세상에 쓸모없는 풀은 없어요. 잡초 가운데 쓸모가 밝혀진 풀도 많고요. 잡초라는 말 대신 이름을 불러 주는 건 어떨까요? 이름으로 불려야 싸잡아 잡초로 몰리는 억울함에서 벗어날 수 있을 테니까요.

더 알아보기

평균기온이 오르면 민들레를 더 빨리 만난다?

3월 평균기온이 1도 오르면 꽃 피는 시기는 대략 6일 앞당겨지는 것으로 나타났어요. 농촌진흥청에서는 무인생물자동관측시스템을 통해 네 개 지역에서 식물, 곤충, 새의 변동을 실시간 관측한 자료를 바탕으로 2015년부터 생물 변화를 관찰해 오고 있어요. 전남 해남과 강원도 철원에서 서양민들레가 꽃 피는 시기는 무려 24일 차이가 났어요.

보이는 건 왜 전부 서양민들레일까?

우리 눈에 보이는 노란 민들레는 대부분 서양민들레입니다. 민들레, 털민들레, 산민들레, 좀민들레 같은 토종민들레는 이제 한적한 시골 둑길에서도 어쩌다 만날 수 있는 귀한 꽃이 되었어요. 이 땅에 살던 민들레보다 귀화식물인 서양민들레의 세력이 이토록 넓혀진 배경에는 몇 가지 이유가 있습니다. 우선 토종민들

토종민들레와 서양민들레 구분

• 꽃싸개가 꽃을 감싸고 있으면 토종 민들레, 꽃싸개가 뒤집혀 있으면 서양민들레.

• 토종민들레는 꽃이 연노랗고 서양민들레는 샛노랗다.

• 토종민들레보다 서양민들레가 훨씬 풍성한 꽃차례를 한다.

• 토종민들레잎 가장자리는 얇게 갈라져 있는데 서양민들레는 창처럼 뾰족한 모양이다.

* 구분은 짓되 차별은 하지 않기로 해요.

토종민들레(좌)와 서양민들레(우). ⓒ최원형.

레는 곤충이 꽃가루받이를 해 줘야 씨앗을 맺지만 서양민들레는 다른 꽃의 꽃가루 없이도 스스로 씨앗을 맺을 수 있어요. 또 서양민들레는 3월부터 10월까지 꽃이 피지만 토종민들레는 봄에 씨앗을 맺고는 여름잠에 듭니다. 토종민들레보다 서양민들레의 꽃이 더 풍성해 보이는데 실제로도 1.5배 정도 꽃이 더 많아요. 이런 이유에다 척박한 곳에서도 잘 살아남으니 거침없이 우리 땅 전역으로 퍼져 나갈 수 있었지요. 우리 땅에 사는 식물이 모두 토종일 순 없어요. 요즘처럼 사람과 물건의 왕래가 잦은 시대에 이제 더 이상 토종식물이냐 귀화식물이냐는 논쟁은 무의미합니다. 주변 생태계에 폐를 끼치지 않고 조화롭게 지낼 수 있다면 모두 반가운 생명입니다.

꽃잎처럼 보이는 게 꽃이라고?

흔히 우리가 꽃이라 생각하는 게 실제 꽃이 아닌 경우는 심심찮게 있어요. 열매라고 생각했는데 알고 보니 헛열매였던 경우도 있지요. 진짜 열매는 씨방이 부풀어 생긴 걸 말하는데 사과나 배의 경우는 씨방이 부푼 게 아니에요. 그래서 헛열매라고 부릅니다. 민들레꽃도 사실은 민들레 꽃다발이 더 맞는 표현입니다. 민들레꽃은 꽃턱(꽃받침)에 많은 꽃이 뭉쳐서 머리 모양을 이룬 두

상화입니다. 국화, 민들레, 해바라기, 엉겅퀴 등이 여기에 해당되지요. 그러니까 우리 눈에 꽃잎처럼 보이는 하나하나는 혀 모양 꽃송이입니다. 200개도 넘는 꽃이 꽃턱에 붙어 있어서 마치 한 송이 꽃처럼 보입니다. 민들레 암술 씨방이 붙어 있는 꽃턱은 평평하다가 씨앗이 여물수록 가장자리가 뒤로 말리면서 볼록해져요. 씨앗이 바람에 잘 날릴 수 있도록 구조를 바꾸는 거지요. 민들레의 혀 모양 꽃에 꽃받침 역할을 하던 갓털은 씨앗이 여물면 폭죽처럼 퍼져요. **민들레 씨앗**이 40km까지 날아갔다는 연구가 있을 정도니 이렇게 멀리 날아갈 수 있도록 꽃턱이며 갓털의 구조는 최선을 다하는 것 같지요?

열매를 동물이 먹어 치우면 식물은 헛수고 아닌가?

민들레는 씨앗을 퍼뜨리기 위해 바람을 이용합니다. 씨에 붙어 있는 갓털이 바람에 날리며 이동을 하는데요. 이 같은 식물로는 박주가리, 할미꽃, 부들, 갈대, 무궁화 등이 있어요. 털 대신 날개가 달린 씨앗으로는 신나무, 단풍나무, 소나무 등이 있고요. 물봉

꽃이 진 뒤 꽃자루 끝에 달린 하얀색으로 보이는 씨앗은 엄밀히 말하면 열매지만, 과육이 없고 마른 껍질이 씨앗을 감싼 형태인 수과(瘦果)라 흔히 씨앗이라고 부른다.

선이나 이질풀처럼 멀리 튕기는 힘으로 씨앗을 퍼뜨리는 식물도 있어요. 어떤 씨앗은 동물에 의해 퍼지기도 합니다. 동물에게 먹혀 똥으로 나온 씨앗의 발아율이 더 높다는 연구도 있어요. 지리산 반달가슴곰은 머루, 다래, 벚나무, 산뽕나무 열매를 따 먹을 때 씹지 않고 다량을 섭취해요. 그러고는 여기저기 돌아다니며 똥을 누어서 씨앗을 퍼뜨리지요. 곰의 위를 통과해서 나온 씨앗은 그냥 나무에서 떨어진 씨앗보다 발아율이 2배가량 높다고 해요. 산양이 똥을 눈 자리에는 헛개나무가 자랍니다. 산양이 헛개나무 열매를 먹거든요. 헛개나무 열매는 워낙 씨앗 껍질이 두꺼워 싹이 잘 트지 않기로 유명한데 산양이 되새김질을 하는 동안 위산에 의해 껍질이 소화되어 발아율이 올라가는 걸로 추정하고

헛개나무를 심는 산양. ⓒ최원형.

질문으로 시작하는 생태 감수성 수업

있어요. 아마존강 유역은 홍수 때마다 한반도보다 넓은 면적이 반년 이상 물에 잠기는데요. 강변 습지를 이루는 나무의 씨앗을 물고기들이 퍼뜨린다고 해요. 홍수가 나면 습지의 나무들은 일제히 열매를 물 위에 떨구고 탐바키 등의 물고기가 그 열매를 먹어요. 이후 배설물에 섞여 나온 씨앗이 물속에 가라앉아요. 홍수가 끝나고 물이 빠지면 씨앗에서 싹이 튼다고 합니다.

산양이 사는 산에 케이블카를 놓겠다는 사람들은 산양이 이토록 대단한 정원사라는 걸 알고는 있을까요? 산양은 겁이 많은 동물인데 지난겨울 폭설로 먹이가 부족해지자 저지대까지 내려와 마른 풀을 뜯었어요. 세계적인 멸종 위기종이자 천연기념물인 산양이 2023년 11월부터 2024년 5월까지 1,022마리가 숨졌어요. 우리나라에 서식하고 있는 산양 숫자가 대략 2,000마리 안팎임을 감안하면 절반 이상이 떼죽음을 당한 겁니다. 폭설로 먹이를 구할 길이 없어 산 아래로 내려왔지만 아프리카돼지열병(ASF) 방제를 위해 쳐 놓은 울타리로 산양이 더 이상 먹이를 구하지 못하게 된 것을 떼죽음의 원인으로 보고 있어요. 헛개나무 열매로 만든 음료는 좋아하면서 헛개나무를 누가 심고 있는 줄 우리는 꿈에도 몰랐어요. 숲을 이루기 위해서는 바람도 필요하고 곰도 산양도 물고기도 필요해요.

더 알아보기

예쁜 정원보다는 다양한 꽃이 있는 정원

영국 생태학회(British Ecological Society)는 잔디밭의 민들레를 뽑지 말아 달라고 시민들에게 간청했어요. 민들레는 꿀벌이나 꽃등에같이 꽃가루받이를 하는 곤충에게 중요한 먹이이기 때문이지요. 생태학회는 정원을 멋지게 꾸미려 장미만 심을 게 아니라 다양한 꽃을 심어 달라고 부탁했어요. 장미꽃은 꿀도 적고 꽃가루도 별로 없거든요. 공원에 풀과 나무를 심어야 한다면 가장 먼저 생태적인 면을 고려해야 할 것 같아요. 다양한 풀씨가 내려앉아 싹을 틔운다면 잡초라며 뽑을 게 아니라 그대로 지켜봐 주면 좋겠습니다.

애벌레와 센티넬라 멸종
"애벌레가 꿈틀거리는 게 너무 징그러운데 참아야 할까?"

봄은 새잎이 돋고 꽃이 피는 계절이기도 하지만 꼬물꼬물 애벌레가 폭발적으로 늘어나는 계절이기도 합니다. 알에서 깨어난 애벌레들은 막 나오기 시작한 여린 잎을 먹으며 무럭무럭 몸집을 키우고 몇 번의 껍질을 벗으며 전혀 다른 모습의 성충이 되지요. 애벌레 단계에서 어른벌레를 상상하기란 불가능해요. 노린재처럼 애벌레가 어른벌레와 비슷한 모습을 한 곤충이라면 얘기가 좀 다르지만요.

꿈틀꿈틀 기어가는 애벌레를 보면 멋지다는 생각이 드나요, 징그럽고 싫은 마음이 드나요? 어떤 마음이든 다 괜찮아요. 징그럽고 혐오감이 드는 것도 그럴 수 있어요. 인간의 진화 과정에 있어 길고 꿈틀거리는 뱀을 두려워하다 혐오하는 마음이 생긴 건 당연한 일이라 생각하니까요. 오래전 우리 조상들은 뱀에 물려 독이 온몸에 퍼져 죽어 가는 이를 곁에서 지켜보며 두려움을 키웠고, 뱀이 보이면 피해야 한다는 경험을 정보로 축적했을 거예요. 그러면서 가늘고 긴 형상에 꿈틀거리는 지렁이와 애벌레에게까지 두려움과 혐오가 이어졌을지도 몰라요. 그런데 사람들이 뱀에 물려 죽어 가던 옛날과 21세기인 오늘날 사이에는 엄청난 과학의 진보가 있어 왔어요.

우리는 살충제의 일종인 DDT를 남용하면 어느 순간 조용한 봄을 맞이할 수 있다는 사실도 알게 되었어요. 조용한 봄이라는 게 무슨 말일까요? 봄이면 떠들썩하게 들려오던 새들의 지저

관찰하기

애벌레를 마주하자!

만약 나무말뚝과 밧줄로 되어 있는 울타리를 발견했다면 유심히 살펴보세요. 바닥에 내려온 애벌레를 찾을 수 있을지 몰라요. 나뭇가지 위나 아래쪽에서도 애벌레를 만날 수 있답니다. 잎사귀에 칼로 잘린 것 같거나 곤충이 갉아 먹은 듯한 흔적이 있다면 잎사귀 뒷면을 살짝 뒤집어 보세요. 새들에게 먹히지 않으려 잎 뒷면에 애벌레가 숨어 있는 경우가 많거든요. 애벌레에 따라서는 나뭇잎의 잎맥은 남겨 둔 채 잎살만 먹는 애벌레도 있고, 모조리 먹어 치우는 애벌레도 있어요. 꽃 안에 들어가 꿀이나 꽃가루뿐만 아니라 꽃잎, 수술, 암술을 먹는 애벌레도 있지요. 두려워하지 말고 들여다보세요. 그리고 애벌레 특징을 기록해 보세요. 몸에 털이 있는지, 색깔은 어떤지, 몸에 무늬는 있는지 등을 표를 만들어 기록해 보세요.

컴이 사라진다는 의미예요. 살충제 살포로 땅과 물 오염은 말할 것도 없고 곤충 수가 줄어드니 새와 동물들에게 영향을 미친다는 뜻이죠. 레이첼 카슨이 이러한 내용을 처음으로 밝힌 책 《침묵의 봄》이 미국 사회에 반향을 일으키며 1972년 DDT 사용은 전면 중단되었어요. 하지만 질병을 매개하는 곤충에 대해서는 아직 쓰이고 있다고 해요. 애벌레가 꿈틀거리는 모습이 징그럽다면 차라리 애벌레가 있는 곳을 피하면 어떨까요? 이미 우리는 충분한 활동 공간을 가지고 있어요. 이젠 애벌레가 살아가야 할 공간을 인정해 줘야 하지 않을까요? 마음에 여유가 조금 생긴다면 애벌레를 관찰해 봐도 좋을 것 같아요. 징그럽다는 건 과거의 유산이고 의식이 만들어 낸 선입견일 수 있으니까요.

 더 알아보기

다리에 따른 애벌레 분류

지렁이나 뱀처럼 애벌레에게도 다리가 없다고 생각할 수 있어요. 그런데 다리가 없는 애벌레도 있지만 많은 애벌레도 있답니다. 그래서 애벌레를 다리로 구분 짓기도 합니다.

* 다리 없는 애벌레(apodous larva) : 말 그대로 다리를 볼 수 없는 애벌레로 파리류, 딱정벌레류, 하늘솟과, 바구밋과 그리고 벌 중에 말벌, 기생벌, 꿀벌 종류가 이에 해당합니다.

* 많은 다리를 가진 애벌레(polyod larva) : 가슴다리, 배다리, 꼬리다리 등이 있는 애벌레로 나비류와 벌 가운데 잎벌 종류가 이에 해당합니다.

* 가슴다리 애벌레(oligopod larva) : 말 그대로 가슴다리 세 쌍만 발달한 애벌레 종류로 풀잠자리류와 딱정벌레류가 이에 해당합니다.

아래 그림은 나비류 애벌레의 다리 위치입니다. 머리 부분에 가슴다리 세 쌍, 가운데 부분에 배다리 네 쌍, 그리고 꼬리 부분에 꼬리다리(항문다리) 한 쌍 해서 모두 여덟 쌍이나 됩니다.

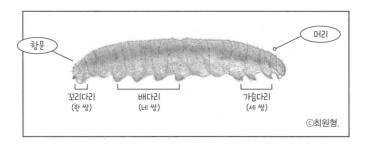

©최원형.

모양에 따른 애벌레 분류

배추흰나비 애벌레처럼 몸이 길쭉하고 표면에 잔털이 있는 배추벌레형, 털이 북실북실한 송충이형, 몸이 긴 원통으로 표면이 매끈하며 짧은 다리가 특징인 철사벌레형, 풀잠자리 애벌레처럼 몸이 납작하고 더듬이와 입틀이 있으며 가슴다리가 길게 발달한 좀형, 굼벵이처럼 몸이 C자 모양으로 구부러져 있고 땅을 잘 팔 수 있도록 머리의 입틀과 가슴다리가 발달한 굼벵이형, 몸이 길쭉하고 가늘며 가슴다리와 항문다리를 이용해서 자로 재듯 이동하는 자벌레형 그리고 방추형 또는 원뿔형 몸에 다리도 없이 이동할 때 몸통 전체가 움직이는 구더기형 등 모양에 따라 다양한 형태의 애벌레가 있어요.

애벌레가 우글거리면 생태적일까?

뿌리부터 우듬지까지 한 그루 나무는 다양한 곤충의 서식처입니다. 지구에 얼마나 많은 곤충이 살아가는지 정확히 알 수는 없답니다. 우리가 알기도 전에 사라진 곤충, 발견은 했으나 이름을 붙이기도 전에 사라진 곤충이 어느 정도인지도 가늠할 수 없어요. 안데스산맥 기슭에 있는 에콰도르의 센티넬라 능선 근처 숲에서 1978년 생물학자 두 사람이 약 90종의 미기록 종을 발견했어요. 그런데 에콰도르 정부가 숲을 개간해서 농경지로 바꿔 버린 뒤 나머지는 아예 기록조차 할 수 없는 상태로 멸종해 버렸어요. 이렇게 알기도 전에 사라진 생물종의 멸종을 '센티넬라 멸종'이라 부릅니다. 기록은커녕 눈에 띄지도 못한 채 사라진 생물종이 얼마나 많을까요? 그런 점에서 이 봄날 눈앞에 꼬물거리는 애벌레는 반갑기만 합니다.

기온이 올라가고 애벌레 수가 늘어나기 시작하면 아파트나 공원, 학교에서는 수목 소독을 해요. 소독이라는 말에는 다친 곳을 치료하는 긍정의 의미가 담겨 있어요. 그런데 나무가 다쳤던가요? 수목 소독은 그냥 나무에 살충제를 살포하는 행위일 뿐이에요. 나무에 있는 애벌레를 비롯한 곤충이 사람에게 해를 끼치나요? 징그럽다고 느낄 수는 있지만 대부분의 애벌레는 사람에게 해를 끼치지 않아요. 애벌레가 집으로 들어오면 어떡하냐는 사람들이 있는데요. 창에는 방충망도 있고 혹시라도 들어왔다면 다시 내보내면 되지요. 빳빳한 종이 두 장으로 애벌레를 들어서 밖으로 내보내면 될 일입니다. 애벌레는 얼마 지나지 않아 예쁜 나비가 될 수도 있어요.

벽돌 속에서 애벌레를 꺼내 먹는 박새. ⓒ최원형.

'애벌레가 우글거린다'는 표현에는 이미 혐오감이 담겨 있어요. 단지 애벌레이기 때문에 박멸의 대상이라 생각하는 것은 젠가의 아래 블록을 빼 버리는 행위와 다르지 않아요. 애벌레가 다 사라진다면 이 세상에 곤충이 존재하지 않겠지요. 그러면 어떤 세상이 펼쳐질까요? 낙엽은 썩지 않은 채 쌓일 거고, 동물의 사체도 그대로 쌓여 갈 겁니다. 지구에서 곤충의 역할에 대해 우린 얼마나 알고 있을까요? 애벌레의 균형이 깨져서 문제라면 깨진 균형을 바로잡으려는 노력을 해야겠지요. 앞으로 생겨날 애벌레를 죽여 없애야 할 존재라고 예단한 채 살충제 살포를 당연하게 받아들이는 게 오히려 이상한 일 아닌가요? 나무에 살충제를 아무리 뿌려 대도 곤충의 수가 일시적으로 줄 수는 있겠지만 완전히 사라지게 할 수는 없어요. 병충해가 심해서 나무의 생존에 문제가 된다면 당연히 처방해야겠지만, 어떤 증상도 없는데 정기적으로 나무에 살충제를 뿌리는 일이 과연 바람직한지 따져 물을 일입니다. 뿌려진 살충제는 대부분 땅에 내려앉을 겁니다. 바싹 마른 흙이 바람에 날리면 살충제는 어디로 갈까요? 곤충에게 해롭다면 인간에게도 해로울 수밖에 없어요.

애벌레가 좋아하는 식물이 따로 있다고?

애벌레는 크게 잠자리목, 메뚜기/사마귀/바퀴/대벌레목, 노린재/매미목, 풀잠자리/뱀잠자리/약대벌레목, 나비목, 딱정벌레목, 벌목, 파리목 이렇게 여덟 무리로 분류해 볼 수 있어요. 꿈틀거리는 애벌레는 대개 나비목에 속합니다. 딱정벌레목에 속하는 홍날개나 거저리, 벌목에 속하는 잎벌류, 등에, 혹파리류 등의 애벌레도 꿈틀거리는 애벌레예요. 여기서는 주로 나비목으로 설명할게요.

나비목에는 나비류뿐만 아니라 나방류도 포함됩니다. 나비 애벌레는 대부분 식물을 먹는데 애벌레마다 먹이식물로 삼는 게 많지 않아요. 그러니 먹이식물이 사라지면 나비도 멸종이 되는 건 당연한 순서입니다. 먹이식물은 왜 사라질까요? 개발로 서식지가 사라지거나 기온 상승으로 더 이상 식물이 그곳에서 자랄 수 없기 때문입니다. 먹이식물과 함께 멸종 위기에 놓였던 대표적인 종으로 붉은점모시나비가 있어요. 이 나비는 일반적인 나비와 달리 겨울에 부화해서 애벌레 상태로 성장하며 한겨울을 보내는 세계 유일의 한지성 나비입니다. 영하 48도까지 견딜 수 있는 내한성 물질이 붉은점모시나비의 체내에 있다는데 아무리 그렇다고 해도 먹이가 없다면 다 소용없는 일이겠지요. 한겨울, 대체 어떤 식물이 이 추위를 버텨 줄까 싶은데 바로 기린초가 이 나비의 먹이식물입니다. 기린초는 애벌레의 부화에 맞춰 눈을 녹이며 싹을 내밀어요. 짙고 복슬복슬한 2mm 길이의 애벌레가 기린초를 열심히 갉아 먹습니다. 다행스럽게도 기린초는 잎이 두툼해서 한겨울 양식으로 충분해요. 한때 이 먹이식물의 서식지가 망가지면서 붉은점모시나비가 절멸 수준으로 내몰렸는데 종 복원에 관심을 기울인 홀로세생태보존연구소가 금강유역환경청과 함께 2020년에 이 나비를 증식해서 80쌍을 충북 영동군에 방사했습니다.

개구리와 양서류
"개구리 피부는 왜 미끌미끌할까?"

동물의 몸에는 털이 있어요. 새는 깃털이, 물고기는 비늘이 있는데 개구리 몸에는 왜 아무것도 없을까요? 그래도 괜찮은 걸까요? 개구리는 피부 아래에 있는 점액샘에서 끈적끈적한 액체인 점액을 분비하면서 피부를 보호해요. 이 점액은 피부를 마르지 않도록 할 뿐만 아니라 개구리가 호흡하기 위해서도 꼭 필요합니다. 개구리 피부는 개구리의 호흡기관이기도 하거든요. 개구리를 양서류라고 부르는 건 물과 뭍 두 군데에서 살기 때문인데요. 올챙이 때는 물속에 살면서 물고기처럼 아가미로 호흡을 해요. 그러다가 개구리가 되어 물 밖으로 나오면 허파와 피부로 호흡합니다. 개구리 피부는 산소를 받아들이고 이산화탄소를 내보낼 수 있는 구조로 되어 있어요. 그리고 이렇게 호흡을 하려면 피부에 반드시 물기가 있어야 하는데 이때 점액질이 중요한 역할을 합니다.

점액질은 개구리가 물속에서 움직일 때 마찰을 줄여 피부를 보호해 줍니다. 개구리 몸을 싸고 있는 바깥쪽 피부는 개구리 몸을 보호하는 역할을 하는데 일 년에 몇 번씩 이 피부를 벗어요. 마치 동물들이 털갈이를 하듯 뱀이 허물을 벗듯이 그렇게 몸집이 커지면서 피부를 벗는답니다. 피부에는 독샘도 있어요. 발톱이나 부리 같은 무기가 없는 개구리는 이 독으로 자신을 방어해요. 독샘에서 만들어진 독은 독선을 통해 피부 밖으로 배출되는데요. 모든 개구리에 독이 있지만 모든 독이 치명적이진 않아요. 우리나라에 살고 있는 개구리 가운데 두꺼비, 무당개구리, 옴개구리는 강한 독을 지니고 있어요.

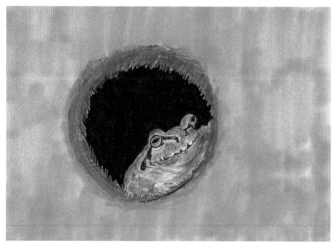

나무에 달아 둔 새 둥지 상자 속에 들어가 있는 개구리. ⓒ최원형.

나무에 오르는 개구리가 있다고?

수원청개구리.
ⓒ최원형.

우리나라에 사는 개구리 가운데 몸집이 가장 작은 개구리가 청개구리입니다. 몸집은 비록 가장 작아도 울음소리가 가장 큰 개구리 또한 청개구리랍니다. 우리나라에 있는 청개구리는 두 종류로 청개구리와 수원청개구리인데 겉모습으로는 구분이 어려워요. 그런데 울음소리를 들으면 구분할 수 있어요. 청개구리는 깩깩깩, 깩깩깩 하고 낮고 빠른 소리를 내지만 수원청개구리는 챙챙 하는 날카로운 쇳소리를 내며 울어요. 또 사는 곳도 달라요. 청개구리는 논둑에서 주로 보이고 수원청개구리는 논 가운데에서 벼를 잡고 있는 모습으로 목격돼요. 어떤 연구자에 따르면 수원청개구리가 청개구리에 밀려서 논 가운데로 갔다고 해요. 뭍에서 주로 생활하는 개구리가 벼를 붙잡고 짝을 찾는 모습을 상상해 보세요. 안쓰러운 마음이 든답니다.

청개구리는 몸빛을 잘 바꾸어요. 보통 때는 초록색이지만 나무줄기에 붙어 있으면 나무껍질 색, 땅 위로 내려오면 흙색으로 바꾸어 천적들의 눈을 피해요. 우리나라에서 나무에 오를 수 있는 개구리는 청개구리뿐이에요. 그래서 나무개구리로 부르기도 해요.

청개구리 발가락 끝이 어떻게 생겼는지 살펴보세요.

청개구리는 발가락 끝이 동그랗게 생겼어요. 모든 개구리의 발가락 끝이 동그란 건 아니에요. 청개구리의 발바닥도 살펴보세요. 문어나 오징어 다리의 빨판처럼 생긴 걸 볼 수 있는데 이를 흡반이라고 해요. 흡반을 확대해 보면 표면에 일정하게 홈이 패여 있어요. 흡반과 오르려는 곳의 표면이 맞물리면서 떨어지지 않기 때문에 청개구리가 나무나 벽을 잘 탈 수 있어요.

개구리나 두꺼비 같은 양서류는 왜 겨울에 잠을 자며 지낼까?

동물이 겨울잠을 자는 것은 추위와 먹이 부족이 가장 큰 이유예요. 개구리, 두꺼비 같은 양서류뿐만 아니라 파충류와 일부 포유류도 겨울잠을 잡니다. 그런데 개구리나 두꺼비 같은 양서류의 겨울잠은 포유류인 곰의 겨울잠과는 달라요. 곰은 먹이가 부족해지는 겨울을 대비해서 몸에 지방을 잔뜩 축적한 채 겨울잠을 잡니다. 몸속 물질대사가 평소보다 30~35% 정도 낮아질 뿐 체온은 그대로 유지한 상태로 있다가 자극을 느끼면 잠에서 깨어나 활동하기도 해요. 겨울 동안 새끼를 낳아 젖을 먹여 기르는 곰도 있고요. 만약 먹을 게 있다면 곰은 겨울에도 잠을 자지 않을 거예요.

　곰과 달리 개구리나 두꺼비 같은 양서류는 변온동물이라 겨울잠을 잡니다. 변온동물은 추운 겨울에는 아예 활동할 수가 없어요. 체온이 주변 온도에 따라 바뀌니까요. 그렇게 되면 잘 움직이지도 못하고 먹이 사냥도 제대로 못할 뿐만 아니라 먹이를 먹어도 제대로 소화시키지 못하는 일이 연달아 생기겠지요. 물론 먹이가 되는 생물들 대부분이 겨울이면 사라지거나 숨어 버려 먹이를 구할 수도 없지만요. 그래서 바깥보다는 기온이 상대적으로 높은 땅속이나 물속에서 기온이 올라갈 때까지 죽은 듯이 잠을 잡니다.

　개구리 종류에 따라 잠을 자는 장소는 조금씩 달라요. 참개구리나 금개구리, 무당개구리, 두꺼비, 맹꽁이는 10~20cm 정도 흙을 파고 땅속에서 겨울잠을 잡니다. 산개구리, 옴개구리는 계곡이나 물이 약하게 흐르는 바위나 돌 틈에서 겨울잠을 자고요. 잠을 자는 동안에도 살아 있으니 적은 양이지만 에너지가 소비되는데 어떻게 먹지 않고 잠을 잘 수 있을까요? 체온을 떨어뜨리고 움직이지 않으면 그야말로 최소한의 에너지만으로 겨울을 버틸 수 있어요. 최소한의 에너지는 이미 먹었던 먹이를 소화시켜 저장해 둔 지방을 이용하는 거고요. 그래서 이른 봄에 개구리를 보면 가을에 봤던 개구리와는 다르게 마른 모습입니다.

경칩에는 모든 개구리가 다 겨울잠에서 깨는 걸까?

24절기 가운데 세 번째 절기인 경칩을 옛사람들은 개구리를 비롯해 숨어 있던 동물들이 깨어나는 때로 인식했어요. 오늘날에도 경칩에는 개구리 생각을 하게 되곤 하지요. 그런데 모든 개구리가 경칩 무렵에 겨울잠에서 깨어나는 건 아니에요. 주로 물속에서 겨울잠을 자는 산개구리 종류가 그즈음 깨어나고 땅속에서 잠을 자는 개구리는 조금 더 늦게 깨어납니다. 여름잠을 자는 개구리들도 있어요.

두꺼비는 일찍 깨어 저수지나 둠벙 등으로 내려와 알을 낳은 뒤에 다시 산으로 올라가 흙을 파고 봄잠에 들지요. 아직 기온이 높지 않아 먹이가 부족하기 때문입니다. 봄잠을 자는 양서류로 맹꽁이도 있어요. 맹꽁이는 겨울잠에서 잠깐 깼다가 다시 봄잠을 또 자요. 그러고는 초여름 장맛비가 한차례 많이 내리고 나면 봄잠에서 깨어납니다. 맹꽁이 소리를 들어 보세요. 어떤 맹꽁이는 맹~맹~ 하고 어떤 맹꽁이는 엉~엉~ 하는 소리를 내서 맹꽁이라는 이름으로 불리게 되었다고 해요. 맹꽁이는 장맛비에 생긴 물웅덩이나 논 배수로 등에 모여서 짝짓기를 하고 알을 낳아요. 개구리 알은 덩어리가 지고 두꺼비 알은 알끈에 쌓여 있는데 두 줄로 가늘고 길게 이어집니다. 도롱뇽 알은 튜브처럼 생겼는데 맹꽁이 알은 덩어리가 지지 않고 하나하나 떨어져 물에 떠요. 물에 뜨는 맹꽁이 알은 소금쟁이의 먹이가 되기도 합니다. 일시적으로 생긴 물웅덩이에 알을 낳는 데는 이유가 있어요. 맹꽁이 알은 하루 이틀이면 부화해서 올챙이가 되고 올챙이도 빠르게 자라서 웅덩이가 다 마르기 전에 새끼 맹꽁이가 되거든요.

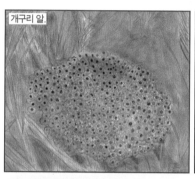

개구리 알.

도롱뇽 알.

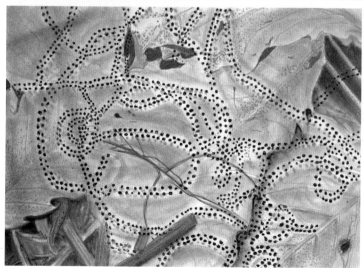

두꺼비 알. ⓒ최원형.

더 알아보기

물이 얼면 물속에서 겨울잠을 자는 개구리도 얼지 않을까?

개구리의 몸속에 저장된 영양분은 당분으로 바뀌어 신체 각 부분에 보내집니다. 몸이 어는 것을 막기 위해서지요. 당분은 물보다 어는점이 낮아서 몸이 얼지 않도록 해 줍니다. 소금이나 설탕을 녹인 물의 어는점이 낮아지는 것과 같은 이치입니다.

그런데 캐나다에 사는 숲개구리는 겨울에 아예 몸이 얼었다가 봄이 되면 몸이 녹으면서 피가 돌고 살아난답니다. 캐나다 카를레톤대 생화학자인 자넷 스토레이 교수는 이런 개구리의 특이한 생태가 궁금해서 연구한 끝에 개구리의 겨울잠 메커니즘을 밝혔습니다. 개구리 몸 전체가 꽁꽁 어는 것은 아니고 몸속에 있는 물 가운데 65% 정도가 얼음으로 바뀐다고 해요. 피부 아래부터 얼음 결정이 생기기 시작하는데 이와 동시에 개구리의 간에 저장돼 있던 녹말이 포도당으로 분해되어 혈관을 타고 주요 장기와 근육의 세포로 이동해요. 세포가 얼지 않도록 몸에서 진한 설탕물을 만들어 어는점을 낮추는 셈이죠. 뻣뻣하게 얼어 있다가 기온이 올라가면 몸이 녹고 다시 피가 돌면서 개구리는 깨어난다고 하는데 깨어나는 원리는 여전히 미스터리라고 합니다.

신도시는 새롭게 도시를 만든다는 건데
그렇다면 그곳에 원래 살던 생물들은 어떻게 될까?

봄을 영어로 spring이라 하지요. 겨우내 다 사라져 버린 것 같던 풍경에 무언가 솟아나는 계절을 잘 표현한 것 같아요. 땅에서는 납작 엎드렸던 풀들이 생기를 얻고 일어나면서 꽃대를 올리고, 마른 나뭇가지에는 잎이 돋고 꽃이 핍니다. 그리고 땅속에서는 겨울잠을 자던 개구리며 두꺼비가 깨어나지요. 과거에는 마을에 논과 습지가 있었지요. 겨울이면 어디론가 사라졌다가 봄이면 소리부터 나타나는 개구리는 마을을 이루는 풍경이었어요. 그런데 개구리, 두꺼비, 도롱뇽이 살던 땅에 아파트가 들어서고 도로가 나고 공장이 들어섰어요. 그렇다면 오래전부터 그곳에 살던 이들은 어떻게 되었을까요? 3기 신도시가 들어설 예정인 인천 계양 들녘은 많은 철새의 쉼터이고 금개구리, 맹꽁이, 도롱뇽, 한국산개구리 등 멸종 위기 야생동물이 다수 살아가는 곳이기도 합니다.

대체 서식지라는 말 들어 본 적 있나요? 서식지를 대체한다는 뜻으로 본래 살던 곳에서 더 이상 살 수 없는 처지가 된 생물들이 새로이 살 곳을 부르는 말입니다. 언뜻 들으면 생명을 생각하는 좋은 말 같아요. 그런데 대체 서식지에는 크게 두 가지 문제가 있어요. 첫째는 이사를 해야 하는 동물들의 의견을 물어 보았느냐는 것이고요. 또 하나는 새로 이주해 간 곳에서 계속 살 수 있느냐는 겁니다. 사람도 아닌 동물에게 말이 통하냐고 반문할 사람도 있을 텐데요. 굳이 동물에게 묻지 않고도 알 수 있어요. 그들의 생태를 잘 아는 이들이 있으니까요. 불가피하게 이사를 할 수밖에 없는 형편이라면 이사한 곳에서 오래도록 살 수 있어야 합니다. 만약 그게 어렵다면 본래 살던 데서 그대로 살게 해야 하지 않을까요? 사람도 아닌 개구리를 위해 그러는 건 너무 과하다고요? 그렇게 과하다며, 별거 아니라며 벌어진 일들로 종이 절멸의 위기에 있는데도요? 그래서 최근에는 원형 보전을 해야 한다는 목소리가 힘을 얻고 있어요.

어딘가로 옮겨 간들 그곳 환경에 동물이 적응하며 사는 일은 무척이나 힘겹습니다. 또 동물은 말 그대로 움직이는 생물입니다. 익숙하지 않은 환경에서 살라고 우리가 일방적으로 정해주는 일이 얼마나 폭력적인 일인가요? 정말로 개발을 해야만 하는 상황이라면 대체 서식지를 신중하게 골라 이주를 시켜야 하고 또다시 옮겨지는 일이 없어야 하며 이주한 생명들이 자리 잡고 잘 살 수 있도록 꾸준히 모니터링하고 보살펴야 해요. 역지사지해 보세요. 나라면 멋대로 이리저리 옮겨지는 삶이 과연 어떨지.

개구리는 폴짝거리며 뛰는데 두꺼비는 왜 뛰질 못할까?

개구리와 두꺼비는 비슷하면서도 달라요. 개구리는 뒷다리가 길어서 펄쩍 뛸 수 있지만 두꺼비는 뒷다리가 짧아요. 그래서 엉금엉금 기어다닌답니다. 우리나라에 사는 개구리 가운데는 황소개구리가 가장 멀리 뛰어요. 몸도 가장 큰 데다 다리 길이가 무려 25cm 정도나 되거든요. 습지나 연못 등 개구리 서식지가 많은 텍사스, 루이지애나, 플로리다 등 미국의 여러 지역에서 해마다 황소개구리 멀리뛰기 대회가 열린다고 해요.

▶ 개구리와 두꺼비의 차이점

	개구리	두꺼비
피부	매끄럽다.	울퉁불퉁하다.
발가락	물갈퀴가 잘 발달되었다.	물갈퀴가 덜 발달되었다.
이빨	있다.	없다.
혀 모양	혀끝이 두 갈래로 갈라져 있다.	혀끝이 둥글다.
울음주머니	있다.	없다(목으로 꾹꾹 하고 소리를 낸다).

▶ 도롱뇽과 도마뱀 구분하는 법

	도롱뇽	도마뱀
피부	촉촉하고 미끌미끌하다.	거칠고 비늘로 덮여 있다. 물기가 없다.
발가락	앞 발가락 네 개, 뒤 발가락 다섯 개. 물갈퀴가 없다.	앞, 뒤 발가락 모두 다섯 개.
얼굴	눈이 튀어나왔고 입은 개구리를 닮았다.	뱀을 닮았다.

제설제와 개구리 성별

도로나 길에 쌓인 눈이 어는 걸 방지하려고 사용하는 제설제의 주성분인 염화나트륨이 개구리의 성별에 영향을 줄 수 있다는 연구 결과가 나왔어요. 미국 예일대와 런센러폴리테크닉대의 공동 연구팀의 연구 결과로 학술지 〈캐나다 어업과 수중과학 저널(Canadian Journal of Fisheries and Aquatic Sciences)〉에 실렸는데요. 개구리는 올챙이 시절 주변의 성호르몬 농도에 따라 성별이 바뀔 수 있는 동물로, 연구팀은 염화나트륨 농도가 높은 곳에서는 개구리의 암컷 비율이 10%까지 줄어들었다고 밝혔어요. 개구리뿐만 아니라 다른 양서류나 수중생물도 제설제의 영향을 받을 가능성이 충분히 있을 거라고 하는데요. 단지 성별만 바꿀까요? 생명에는 지장이 없을까요?

제설제에는 물을 흡수하는 성분이 있어요. 그 때문에 땅속으로 스며든 제설제가 식물의 뿌리가 흡수할 물을 빨아들이면서 나무가 고사하는 일이 발생하고 있다는 보고는 훨씬 전부터 있어 왔어요. 그럼에도 눈이 온다는 예보만 있어도 길거리에 제설제가 뿌려지는 모습을 보면 안타깝습니다.

◇ 벌과 폴리네이터

◇ 벼와 논의 생물 다양성

◇ 수달과 하천 생태

붕~ 붕~

벌과 폴리네이터
"벌은 다 쏘는 걸까?"

　　지저귀는 새소리, 붕붕 대는 벌의 날갯짓 소리
는 자연의 호흡입니다. 어떤 사람에게는 붕붕거리는 소리가 공
포스러울 수도 있을 거예요. 그렇지만 세상의 모든 벌이 쏘는 건
아니랍니다. 또 벌침이 있다고 해서 아무 때나 쏘는 것도 아닙니
다. 벌을 무서워하는 사람들이 있지만 대체로 동물이 사람을 더
무서워하지 않을까요? 몸집도 비교할 수 없이 크고 우리는 살충
제를 사용할 수도 있잖아요. 그런데도 벌을 보면 두려움부터 갖
는 사람들 마음에는 벌에게 쏘일 수 있다는 것과 벌에게 쏘이면
목숨을 잃을지도 모른다는 생각이 깔려 있어요. 그렇다 보니 벌
이 근처로 날아오면 쫓으려 손을 휘휘 젓거나 잡으려는 등의 과
잉 행동으로 오히려 벌을 자극할 때가 많습니다. 침착하게 가만
히 있으면 벌도 우릴 무시할 텐데 안타까워요.

　　추석 무렵이면 말벌에 쏘여 목숨을 잃었다는 사고 소식이

한 번씩 뉴스에 나옵니다. 그런데 사고의 원인에 대해서는 보도도 잘 안 되고 알려고 노력하는 사람도 많지 않습니다. 벌초하면서 말벌집을 모르고 건드리는 바람에 벌어진 일이거든요. 여기서 가장 주목해야 할 점은 말벌집을 '모르고' 건드린다는 거지요. 장수말벌의 경우 무덤가 바닥에 500원 동전 크기의 구멍을 뚫고 들어가 집을 짓습니다. 무덤가 덤불이나 큰 나무뿌리 부분에도 집을 만들어요. 겉으로는 보이지 않으니 벌초를 하다 벌집을 건드려 사고가 벌어집니다. 그러니 풀을 베기 전에 말벌집 여부를 확인하는 게 중요합니다. 벌집이 있는 곳이라면 분명 벌이 있을 테니까요. 한편 말벌을 피하기 위해 화려한 색 옷을 입지

말벌집에 사는 청소부

무시무시한 말벌에도 기생하는 벌이 있어요. 장수말벌집대모꽃등에인데요. 우리나라에서 처음 발견된 곳이 장수말벌집이어서 이름을 이렇게 지었답니다. 땅속에 집을 짓고 사는 말벌류 집에서만 발견되는 등에입니다. 말벌집 바닥에 떨어진 말벌 사체 위에 성충이 알을 낳고, 부화한 애벌레는 말벌의 사체를 먹고 자랍니다. 이 등에는 말벌집에 기생하면서 나름 청소부 역할을 합니다. 벌집에 사체가 쌓이지 않도록 말벌 사체를 먹어 치우니까요. 말벌이 기생벌을 싫어할 까닭이 없겠지요? 자연은 이렇게 빈틈없이 아귀가 잘 맞춰져 있어요.

말아야 한다고들 하지만 이는 잘못 알려진 내용입니다. 말벌의 행동을 연구한 결과 말벌은 검은색이나 짙은 색을 주로 공격한다고 해요. 검은색은 곰, 짙은 색은 멧돼지나 담비의 털색과 같아서예요. 이 동물들처럼 자신의 벌집을 털어 갈까 봐 방어 차원에서 공격하는 것이죠. 그러니 흰색 옷과 모자를 쓰고 야외 활동을 하는 게 보다 안전하다고 해요.

가위를 가진 벌이 있다고?

나뭇잎을 누군가가 동그랗게 잘라 놓은 듯한 모습을 본 적 있나요? 저는 장미 잎사귀에서 그런 흔적을 본 적이 있어요. 장수가위벌이 칡잎을 자른 뒤 말아서 다리로 감싸 쥐고는 오래된 나무 구멍 속으로 가지고 들어가는 장면도 본 적이 있지요. 잎벌 종류인 가위벌은 잎사귀를 잘라서 알을 낳을 공간을 만들어요.

가위벌은 **폴리네이터**♥로서 능력이 매우 뛰어나다고 해요. 가위벌 종류에 따라 다르겠지만 뿔가위벌 한 마리가 꿀벌 100마리가 감당하는 수분 매개 효과를 낸다는 연구가 있어요. 더구나 가위벌은 벌침이 없어 사람에게 해를 입히지 않아요. 가위벌류

♥ 꽃가루를 옮기는 수분 매개자.

는 꿀벌처럼 집단으로 살아가는 게 아니라 단독생활을 합니다. 하늘소가 뚫어 놓은 구멍 같은 곳에다 산란방을 만들어 알을 낳는데 스스로 구멍을 만들진 못해요. 과거 우리나라 가옥 구조가 목재였을 때는 구멍이 많았지만 콘크리트로 바뀌면서 점점 서식지를 잃어 가고 있어요. 이런 사실을 안 어떤 사람들은 안타까워만 하는 데 그치지 않고 종이 빨대로 가위벌을 위한 벌집(Bee House)을 만들어 주고 있답니다.

꿀벌이 몇백억 마리씩 사라졌다는 뉴스가 나오던데 그러면 곧 인류는 망하는 걸까?

벌이 사라지면 인류가 망한다는 얘기가 있는데 꽃가루를 옮기는 폴리네이터로서의 역할을 강조하면서 생긴 말이 아닌가 싶어요. 그런데 꿀벌은 사라지지 않을 것 같아요. 해마다 겨울을 지나며 꿀벌이 엄청나게 죽어 가는데 무슨 소리냐고요? 꿀벌은 사람이 기르는 가축이에요. 가축이 다 사라지도록 사람들이 내버려둘까요? 구제역이나 조류독감으로 돼지나 닭을 살처분해 왔지만 여전히 있잖아요? 꿀벌도 '벌통'이라는 공장식 축사에서 길러지고 있는 가축이에요.

　　사실 우리가 벌이라고 하면 가장 먼저 떠올리는 꿀벌은 외래종이에요. 우리가 정말 관심을 갖고 지켜봐야 할 존재는 야생 벌이죠. 자연에서 식물의 꽃가루를 여기저기 옮겨 주며 수분을 돕는 벌의 비율을 보면 꿀벌은 30% 정도이고 나머지 70%가 야생벌입니다. 이토록 비중이 큰 야생벌 개체 수가 전 세계적으로 25%가량 줄어들었다고 해요.

꿀벌이나 뒤영벌 종류 그리고 장수말벌 등 말벌류가 주로 우리의 눈길을 끌어요. 우리나라에는 겨우 2mm 정도 되는 작은 벌부터 야생벌의 종류가 수천 종에 이르는데 왜 우리 눈에는 잘 띄지 않을까요? 야생벌의 존재에 우리가 무관심하기도 했고 모르는 사이에 많이 사라졌기 때문이지요. 서울에서 야생벌을 20년 이상 모니터하고 있는 시민단체 '벌 볼일 있는 사람들'에 따르면

꽃가루를 옮기는 벌. ⓒ최원형.

보라매공원, 한강공원 등지에서 야생벌 개체 수가 90% 가까이 줄어들었다고 해요. 원인은 여러 가지인데 그 가운데 농약과 기후 변화가 큰 요인이라고 전문가들은 보고 있어요. 야생벌은 한 번 사라지면 되돌릴 수 없어요. 식물의 90% 이상이 수억 년간 곤충들과 함께 공진화해 왔는데 이렇게 수분을 돕는 폴리네이터가 짧은 시간에 사라진다면 지구에서 식물이 계속 살아갈 수 있을까요?

공원과 정원 조성으로
꽃은 점점 많아지는데 왜 벌은 줄까?

주위에서 꽃을 많이 볼 수 있다는 건 좋은 일입니다. 그런데 많이 심는 꽃이 우리 땅에서 살아가는 야생벌을 비롯한 곤충들에게 익숙한 꽃인지 살펴봐야 합니다. 꿀벌은 어떤 꽃이든 앉아서 꿀을 빨고 꽃가루를 모으지만, 대부분의 야생벌은 제한적으로 좋아하는 꽃을 찾아다녀요. 숲에 다양한 식물이 있는 이유가 여기에 있어요. 식물마다 적절한 수분 매개자가 와서 꽃가루받이를 해 주니까 다양한 식물이 살아가는 거지요. 야생벌뿐만 아니라 파리, 나비, 나방, 하늘소, 딱정벌레 심지어 박쥐도 꽃가루 매개자입니다. 그런데 하늘소는 소나무에 해를 끼친다는 이유로 박멸의 대상이 되고 있고 나방은 크고 징그럽다는 이유로 미움받는 곤충이네요.

공원이나 정원을 조성하기 위해 땅을 정비하는 과정에서 벌들이 피해를 많이 봅니다. 야생벌의 70% 가까이가 땅에 집을 짓거든요. 진딧물 등이 발생하면 시민들이 불편해하니 수목 소독이란 이름으로 살충제를 칠 테고요. 몸집이 작은 야생벌에게 오염된 토양과 꽃가루와 꿀은 치명적일 수밖에 없어요. 환경 변화에 비교적 강한 꿀벌마저 사라지는 걸 보면 훨씬 취약한 야생벌이 살아갈 수 있는 환경이 얼마나 급격히 줄어드는지 실감 나지 않나요?

꿀벌을 위한 밀원 숲을 만들면 야생벌에게도 이로울까?

우리나라는 세계에서 면적 대비 꿀벌을 가장 많이 키우고 있는 나라예요. 꿀벌 군집 붕괴 현상이 벌어지자 그게 밀원(벌이 꿀을 모아 오는 원천) 숲 부족이라는 쪽으로 원인을 찾고 있어요. 그래서 자연적인 숲의 나무를 없애고 아까시나무, 헛개나무, 백합나무 등을 심어서 꿀을 더 많이 생산하겠다고 해요.

2024년 그린피스와 박종원 부경대 법학과 교수가 공동 발간한 〈보호받지 못한 보호지역〉 보고서에 따르면, 한국은 1962년 이래 보호지역을 꾸준히 지정해 왔지만 다양한 개발 행위로 이를 훼손하고 있어요. 2023년 한 해 동안 보호지역 내 축구장 4,763개 (3,334ha)와 맞먹는 크기의 숲이 줄었어요.

전 세계적으로는 자연적인 숲의 규모를 더 키워야 한다고 강조합니다. 우리나라랑 위도가 비슷한 미국의 메릴랜드주에서는 벌에게 좋은 나무 여섯 종을 소개했는데요. 그 가운데 우리나라에 흔한 벚나무, 산딸나무, 참나무, 단풍나무가 있어요. 메릴랜드주의 발표대로라면 현재 우리 숲에 살고 있는 이 나무들을 그대로 두는 게 벌에게 가장 좋은 거 아닌가요? 왜 꿀 생산을 위해, 꿀벌을 위해 숲의 나무를 바꿔야 하냐는 거예요. 다양한 나무와 어울려 살아가던 수많은 종류의 야생벌들이 몇 가지 나무로만 이루어진 숲에서 지속 가능하게 살아갈 수 있을까요? 꿀만 많이 생산하면 좋은 숲일까요? 우리가 생각하는 숲이란 대체 어떤 곳이어야 하는 걸까요?

야생벌이 더 사라지지 않도록 보호할 방법은 있을까?

그럼요. 당장 할 수 있는 방법과 장기적으로 할 수 있는 방법이 있어요. 당장 할 수 있는 방법은 공원을 친환경적인 방법으로 관리하는 거예요. 가령 살충제 살포는 꼭 필요할 때만 제한적으로 하는 거죠. 또 숲 가장자리를 완충 지역으로서 보호해야 합니다. 보기에 지저분하다고 느껴지더라도 덤불 등을 그대로 두어서 벌들이 서식할 공간을 남겨야 해요. 많은 벌이 땅에 집을 짓기에 안정된 토양 관리가 필요합니다.

장기적인 방법은 뭘까요? 지구 기온이 상승하는 속도를 늦춰야겠지요. 불가피하게 살충제를 사용할 때는 독성 평가를 신중하게 반영해야 합니다. 네오니코티노이드 계열 살충제는 처음 나왔을 때 농작물을 성가시게 하는 딱정벌레만 죽이는 안전한 살충제로 소개되었어요. 그러나 벌의 군집이 붕괴되는 원인으로 밝혀지면서 2018년 유럽을 시작으로 사용이 금지되고 있습니다. 참고로 우리나라에서는 아직 금지되지 않았어요.

곤충을 적이 아닌 공존의 대상으로 여기는 시민 인식도 필요합니다. 보호지역 설정이 보완되어야 하고요. 도시 공원 등에 인위적으로 콘크리트를 덮기보다는 자연스러운 흙길을 조성하는 것도 벌을 보호하는 방법이에요.

분명 벌인 줄 알았는데 알고 보니 파리라고?

꽃 근처에서 붕붕거리며 다닌다고 모두 벌인 건 아니에요. 벌을 흉내 낸 파리도 있어요. 정확히는 파리 집안 출신의 등에입니다.

파리목 등엣과 가문으로 언뜻 보면 벌과 흡사해요. 그렇다면 등에는 왜 벌처럼 생겼을까요? 벌처럼 생겨야 유리해서일까요?

우리는 파리를 해충으로만 인식하지만 사실 파리는 꽃가루를 옮겨 주는 유익한 곤충이기도 해요. 동애등에라는 파리의 애벌레는 음식물 쓰레기나 가축의 분뇨를 먹고 살아요. 애벌레 배설물은 퇴비의 원료가 되고요. 애벌레는 단백질이 풍부해 동물 사료로 제공하는 등 쓰임이 많아요. 동애등에는 성충이 되면 물만 먹고 살며 그것을 내뱉지 않아서 질병을 옮기지 않아요. 실내로 잘 들어오지 않아 해충으로 분류되지도 않아요.

그런데 저는 이렇게 인간에게 도움이 되면 익충, 그렇지 않으면 해충이라고 구분 짓는 게 몹시 불편합니다. 자연에 존재하는 모든 생명은 다 존재의 이유가 있는 거 아닐까요? 지금 지구

관찰하기

꽃등에와 꿀벌, 어떻게 다를까?

둘의 가장 큰 차이는 날개입니다. 꽃등에는 파리목, 꿀벌은 벌목인데요. 파리는 앞날개가 한 쌍뿐입니다. 뒷날개는 퇴화하여 평균곤이라는 곤봉 모양 돌기로 흔적만 남아 있어요. 그래서 파리목인 꽃등에는 날개가 한 쌍입니다. 반면 벌목인 꿀벌은 날개가 두 쌍입니다. 꽃등에는 몸통 무늬 중간에 세로줄이 있고 더듬이는 짧으며 눈이 커요. 꿀벌은 온몸에 털이 보송보송해요. 더듬이는 길고 눈은 작아요.

상에 존재하는 모든 동식물에게는 다 저마다의 존재 이유가 있을 거예요.

캘리포니아에서는 벌이 어류라고?

미국 전역에서 뒤영벌 개체 수가 급격히 줄어들자 여러 환경단체는 캘리포니아 멸종 위기종법(California Endangered Species Act, CESA)에 따라 뒤영벌을 비롯한 네 종류의 벌을 주의 멸종 위기종으로 지정해 달라고 요청했어요. 이에 캘리포니아주의 어류 및 야생동물부가 뒤영벌을 후보종으로 지정하자 농업단체들이 반발하고 나섰어요. 캘리포니아는 세계적인 아몬드 생산지인데 아몬드 꽃의 수분을 담당하는 뒤영벌이 멸종 위기종으로 지정될 경우 살충제 사용 등에 제약이 생기기 때문이지요. 농업단체들은 멸종 위기종법이 '조류, 포유류, 어류, 양서류 또는 파충류'를 보호하는 것을 규정하고 있다는 점을 들어 곤충인 뒤영벌은 법의 보호대상이 아니라고 주장했어요. 결국 법원이 이 주장을 받아들이자 이번에는 캘리포니아주 어류 및 야생동물부가 '어류'의 법적 정의가 모호하다며 항소했어요. 캘리포니아 멸종 위기종법에 따르면 어류는 '야생물고기, 연체동물, 갑각류, 무척추동물, 양서류 또는 이들의 일부'를 뜻합니다. 어류의 범위를 넓게 정의하는 바람에 1980년에는 달팽이, 1984년에는 새우와 가재가 어류로 분류돼 멸종 위기종으로 보호받을 수 있었다고 해요. 결국 육지나 바다 등 거주 환경과 상관없이 그 어떤 무척추동물도 어류의 일종으로 보호대상이 될 수 있다는 판결이 났어요. 뒤영벌도 '그 어떤 무척추동물'에 포함시킬 수 있었던 거지요. 뒤영벌을 어류의 범주에 집어넣으면서까지 보호하려는 시민들이 너무 멋지지 않나요?

벼와 논의 생물 다양성
"우리는 왜 쌀을 주식으로 하게 되었을까?"

　　인류 문명이 번성할 수 있었던 가장 중요한 요인은 무엇일까요? 먹고살 수 있는 식량의 안정적인 확보입니다. 인류는 먹거리 대부분을 식물에서 얻습니다. 고기를 좋아한다고요? 고기도 식물이 없다면 얻을 수 없어요. 가축이 먹을 풀이든 곡물로 만든 사료든 결국 식물이 있어야 하잖아요. 인류 문명의 발달과 식물은 아주 밀접한 관련이 있어요. 문명이 시작된 지역에는 반드시 중요한 재배 식물이 있으니까요. 인류는 특히 볏과 식물에 크게 신세를 지면서 살아가고 있어요. 옥수수, 밀 그리고 우리의 주식인 쌀은 모두 볏과 식물입니다.

　　쌀을 먹기 시작한 기원은 유적지에서 출토되는 탄화미(불에 타거나 지층 안에서 자연 탄화되어 남아 있는 쌀)로 대략적인 그 시기를 추정하는데요. 주요 문명이 발상한 지역 가운데 인더스 문명에서 쌀 재배가 시작된 걸로 보는 게 정설입니다. 메소포타미아 지역에서는 밀을 주로 재배했고 벼도 재배했어요. 그래서 아랍인들이 유럽으로 건너가면서 스페인과 이탈리아가 벼를 재배하게 되었고요. 이탈리아의 리소토나 스페인의 파에야 같은 쌀요리가 쌀 재배 문화를 증명하고 있어요. 중국 황허 문명은 동양권이라 당연히 쌀을 주식으로 했을 것 같지만 실은 밀과 수수 등 잡곡을 주식으로 삼았다고 해요. 화남 쪽은 벼를 재배했고요. 무엇을 주식으로 삼았는지는 그 지역의 생태 환경과 밀접할 수밖에 없어요.

벼는 열대 지방에서 자라던 식물로 물이 풍부하고 기온이 따뜻한 곳에서 잘 자랍니다. 기온이 낮은 지역에서는 논이 아닌 밭에서 벼를 기릅니다. 우리나라에서 처음 벼를 재배한 시기는 지금으로부터 5,020년 전으로 보고 있어요. 1991년 경기도 고양군에서 신도시를 개발하느라 토지 정리를 하던 중 일산읍 대화4리 가와지마을 발굴 현장에서 토탄층 가래나무 위에 눈으로도 확인이 가능한 볍씨가 발견되었어요. 세계적으로 가장 권위 있는 미국 베타연구소(Beta Analytic)로 볍씨를 보내 방사성탄소연대를 측정한 결과 5,020년 전 볍씨로 확인되었답니다.

심리학자들이 만든 쌀 이론(Rice Theory)이 있습니다. 쌀을 재배하느냐 밀을 재배하느냐에 따라 문화가 결정된다는 거예요. 벼는 반드시 물이 고여 있는 곳에서 자라는 작물이어서 물을 대는 '관개'에 많은 사람이 힘을 합쳐야 해요. 물길을 만들어야 하고 물을 수시로 관리해야 하기에 주위에 모여 살면서 공동체를 형성할 수밖에 없지요. 반면 밀은 땅에 씨를 뿌리면 자라기 때문에 여럿이 힘을 합칠 필요도 모여 살 이유도 없었어요. 따라서 벼농사를 주로 하는 동양권에 공동체 문화가 발전했고 밀농사를 주로 하는 서양권에는 개인을 존중하는 문화가 발전했다고 합니다. 식물이 인간의 문화까지 변화시킬 수 있네요.

 **더 알아보기**

보리

보리는 쌀과 함께 우리에게 중요한 곡식이었어요. 지금은 사라졌지만 1960년대까지만 해도 보릿고개라는 말이 있었지요. 가을에 추수한 쌀은 다 떨어지고 아직 보리는 거두지 못한 시기에 배를 곯던 때를 이르는 말입니다. 보리는 밭이나 논에 심어 기르는 두해살이식물입니다. 밀과 마찬가지로 가을에 씨를 뿌리면 초록빛 어린 싹으로 겨울을 지내고 봄에 쑥쑥 자라 초여름에 거두지요.

이 밖에 볏과 식물에는 또 무엇이 있을까요? 논이나 밭에 흔하게 자라는 한두해살이 풀인 뚝새풀, 잔디, 삥기라고도 불리는 띠, 습지에 많이 자라는 갈대, 그령, 수크령, 강아지풀, 왕바랭이, 바랭이, 주름조개풀, 조개풀 등 많고 많아요. 다 벼와 한집안 식구랍니다.

논에는 벼만 살지 않는다고?

물이 고여 있는 땅이니 논도 습지입니다. 습지에는 당연히 다양한 생물이 살겠지요? 논에는 벼만 있지 않아요. 매화마름, 부레옥잠, 개구리밥, 생이가래 같은 여러 수생식물도 함께 살아가지요.

　잔물땡땡이는 논 위 떠다니는 잎에다 산란을 해요. 매화마름 위로는 물뱀이 기어가고요. 봄이면 개구리가 무논으로 짝짓기를 하러 왔다가 뱀을 피해 달아납니다. 개구리가 낳은 알에서 올챙이가 나오면 올챙이를 잡아먹으러 왜가리, 중백로가 오고요. 송장헤엄치게, 소금쟁이 같은 수서곤충이 올챙이를 먹어요. 게아재비, 장구애비는 물속에 있는 잠자리 유충을 먹고요. 우리나라에서 가장 큰 수서곤충인 물장군이 물속에서 호흡관만 빼꼼 내밀고 숨을 쉬어요. 논에 물을 댈 때 수로를 따라 들어온 잉어, 메기도 살고요. 배에 알을 달고 있는 송사리는 물풀에 알을 붙여요. 몸이 가늘고 작은 참붕어는 지렁이나 수서곤충을 먹으며 살아요. 논바닥에는 논우렁이가 기어가고요. 논 밑 진흙 속에는 미꾸라지며 드렁허리 등이 살아요. 드렁허리는 논바닥에 굴을 파고 사는 대표적인 논 물고기로 야행성이에요. 지금은 농약 때문에 많이 사라졌어요. 논두렁을 헐어 버린다고 드렁허리라는 이름이 붙었다고 해요. 논에 벼가 쑥쑥 자라면 여름 철새 개개비가 찾아와 개개객 개개객 여름을 뜨겁게 달구지요. 논병아리는 수초를 모아서 뜨는 둥지를 만들어 번식하고 흰뺨검둥오리는 새끼들을 줄줄이 달고 벼 사이사이를 다닙니다.

폴짝이며 논둑으로 올라온 개구리를 잡아먹으러 유혈목이가 다가옵니다. 논둑에는 고마리며 여뀌가 자랍니다. 논두렁은 수서곤충들의 산란장이고 이들을 노리는 곤충들이 모여듭니다. 후투티가 논둑을 다니며 벌레를 쪼아 먹어요. 호사도요는 벼 사이에다 둥지를 틀고 알을 낳아 새끼를 기릅니다. 강남 갔던 제비는 논 둘레에서 진흙을 물고 와 처마 아래에 집을 지어요. 귀한 새인 저어새도 논에 찾아옵니다. 논 건너편 밭에는 꿩이 둥지를 틀고 알을 낳아 새끼를 칩니다. 두더지는 밭 아래 흙 속을 두두두거리며 지나갑니다. 벼와 벼 사이로 거미가 줄을 치고 길목을

수많은 생명과 함께 자라는 벼.

지키며 먹잇감을 기다리고 있어요. 땅에 물이 고이자 하나둘 물길을 따라 하늘길을 따라 모이기 시작한 생명들로 논은 떠들썩해졌어요. 사람이 만든 논은 작은 생물의 세계가 됩니다. 하나의 생태계가 형성된다는 것은 실로 어마어마한 일이지요. 우리가 날마다 먹는 쌀에는 이 수많은 생명의 호흡이 담겨 있어요. 농부의 정성과 수많은 생명의 호흡을 먹고 자란 쌀로 우리 배를 채워요.

벼가 다 자라 추수할 때가 되면 논에 물을 뺍니다. 트랙터로 추수를 하려면 땅이 질어서는 안 되거든요. 추수 이후 물을 대는 논도 있고 그러지 않은 논도 있어요. 물을 대는 논은 이듬해 봄에 물이 부족할 것에 대비하는 거지요. 논에 물을 빼 버리면 물속에 살던 생물들은 빠지는 물길을 따라 다른 곳으로 이동하든가 미처 피하지 못한 생물은 사라지겠지요. 추수가 끝난 빈 논을 기러기들이 채웁니다. 겨우내 무논일 경우 북쪽에서 날아온 기러기며 겨울 철새들이 안전하게 풀뿌리를 먹으며 배를 곯지 않고 지낼 수 있어요.

다시 봄, 모내기하려고 논에 물을 대면 수많은 생명이 깨어납니다. 물벼룩은 알 상태로 있다가 논에 물이 들어오면 대발생을 해요. 풍년새우도 있는데 풍년새우가 많으면 풍년이 든다고 지은 이름이랍니다. 풍년새우는 유기물이 많은 곳에 살고 유기물이 많은 곳은 기름진 땅이니 당연히 풍년이 들겠지요? 풍년새우와 조개벌레의 알은 몇 년이고 논에서 견뎌요. 투구새우의 경우 물이 없어도 25년을 휴면 상태로 버틸 수 있어요. 그러다 물이 들어오는 모내기철이 되면 깨어나 활동을 하지요. 물이 마른 땅에 추위가 와도 모두들 알 상태로 잘 견디는 편이거든요. 논에 물이 차면 근처 둠벙이나 저수지에 있던 저서생물들이 논으로 날아들어요. 게아재비도 장구애비도.

더 알아보기

시민자연유산 1호인 논

매화마름은 1960년대까지만 해도 흔했던 미나리아재빗과의 여러해살이 수생식물입니다. 꽃은 물매화와 비슷하고 잎은 붕어마름을 닮았다고 해서 붙여진 이름인데요. 겨울에는 논에 물을 빼고 농약을 뿌리는 데다 논이 줄어들면서 매화마름이 사라질 위기에 처했어요. 멸종 위기에 처했던 매화마름이 강화군 초지리에서 다시 발견되자 환경부는 1998년에 멸종 위기 야생식물로 지정했어요. 한국내셔널트러스트는 보전이 시급한 매화마름을 오래도록 지키기 위해 강화 매화마름군락지를 조성했어요. 시민들의 모금과 지역 주민들이 논을 일부 기증한 덕분이었답니다. 2008년 제10회 람사르 협약 당사국 총회에서 '습지시스템으로서의 논의 생물 다양성 증진을 위한 결의문'이 채택되었고, 한국내셔널트러스트의 시민자연유산 1호인 강화 매화마름군락지는 람사르 습지 제1,846호로 등록되었어요. 논 습지로서 람사르 등록은 한국 최초의 일이었어요. 매화마름의 씨가 바닥에 떨어지면 이듬해 4~5월쯤 꽃자루를 물 위로 올리며 하얀 꽃을 피워요. 6~7월쯤 되면 매화마름은 다 살고 씨앗을 남긴 채 시들어요. 매화마름이 자라는 곳에서는 농부들이 이 풀을 뽑지 않아요. 시들어 바닥으로 가라앉으면 거름이 되니까요.

논바닥에 머리를 처박고 꼬리를 흔들며 호흡하는 아가미지렁이 덕분에 흙이 숨을 쉬고 유기물이 순환해요. 5월 중순쯤엔 도요물떼새들이 번식을 위해 캄차카반도로 이동하다 잠시 논에 내려와 먹이를 보충합니다. 논은 새들에게도 너무나 중요한 먹이터입니다. 농사는 이토록 수많은 생명이 지어요.

논은 탄소를 배출하는 곳이라던데?

농업 분야에서 발생하는 온실가스는 이산화탄소, 메탄, 아산화질소 이렇게 세 종류로 전 세계 온실가스 발생량의 10%를 차지하고 있어요. 우리나라에서는 2020년 기준으로 농업 온실가스가 전체 배출량의 3.2%를 차지해요.

쌀은 모든 곡물 가운데 온실가스 배출량이 가장 높은데 특히 전 세계 인위적 메탄 배출량 가운데 벼농사가 10%를 차지한다고 세계은행이 밝혔어요. 벼의 생육 기간 내내 논에는 물이 있는데 이런 환경이 메탄 생성균의 활동을 활성화시켜 메탄을 다량 배출하게 만듭니다. 물 소비도 많아 전 세계 관개용수의 약 40%가 벼농사에서 소비되는 것으로 알려져 있어요. 국제벼연구소(IRRI)는 벼농사를 많이 하고 있는 동남아시아에 AWD(Alternative Wetting and Drying) 기술을 보급하고 있어요. 이

기술은 필요할 때에만 논에 물을 채우는 농사법으로 소위 스마트 농업인데요. 논바닥에 **지하수위(지하수면)**♥를 측정하는 파이프를 박아 놓고 기준 수위 밑으로 내려갈 때만 물을 채우는 방식입니다. 메탄 생성균의 활성화를 막아 메탄 배출량을 줄일 수 있는 방법이에요. 실제 미국 아칸소대 연구팀은 이 방법으로 메탄 배출량을 64%까지 줄일 수 있고 물 소비량 또한 20~40% 줄일 수 있는 것으로 분석했어요. 이 농법의 핵심은 논에 있는 물을 빼서 논바닥을 2주 이상 말리는 겁니다. 그러나 이 기술에도 단점이 있어요. 중간에 물을 뺏다가 다시 넣을 경우 메탄 배출량은 줄어드는 대신 온실가스의 일종인 아산화질소 배출은 오히려 늘어난다는 점입니다.

쌀이 주식인 아시아의 논은 식량 기지일 뿐만 아니라 철새와 다양한 논 생물이 살아가는 생명의 보고입니다. 논의 흙은 탄소 저장률도 높은데, 저장된 탄소량은 제대로 평가하고 있는 걸까요? 논은 배후습지로 홍수를 조절하는 중요한 역할을 수행하고 있어요. 대기를 정화시키며 뜨거운 날 수분 증발로 기온을 떨구는 역할도 합니다. 이처럼 무수히 많은 기여에 관한 평가는 제대로 이뤄지고 있는 걸까요?

♥ 땅속의 대수층 표면. 이 속의 물은 지표수와 같이 중력의 영향을 받기 때문에 매우 느리게 흐른다. 지하수 조사의 기본이 된다.

'분얼'을 관찰해 보세요.

함지 논이든 실제 논에서든 장마철 이후(대략 7월 무렵) 벼가 무럭무럭 자라는 모습을 관찰해 보세요. 한 포기 모는 자라면서 가지를 쳐 늘어납니다. 이걸 분얼이라고 해요. 씨에서 나온 본줄기의 뿌리에 있는 마디에서 새로 눈이 트고 이 눈은 자라서 줄기가 되고 그줄기가 자라서 또 줄기가 나오면서 계속 가지를 쳐요. 분얼하며 줄기는 굵어지고 키도 쑥쑥 자랍니다. 이렇게 늘어나니 벼 한 알에서 낟알이 많게는 600개가 넘게 나오는 거지요.

논에 풀어놓은 오리가 벼를 밟으면 벼가 다 망가지지 않을까?

논에 오리를 풀어놓아서 벼가 망가진다면 풀어놓지 않았겠지요? 오리는 벼 사이를 헤쳐 가며 슬쩍 벼를 건드리기는 해도 넘어뜨리거나 뜯어 먹는 일은 없어요. 오리가 들어가는 논물은 오리들이 헤치고 다니니 흐려져요. 만약 오리들이 들어가지 않았다면 논물은 맑고 깨끗했을 거예요. 그렇게 되면 햇빛이 논바닥까지 들어가 광합성을 하니까 잡초가 많이 자랄 수밖에 없고 해충도 더 많이 생겨요. 그러니 농약을 많이 쓸 수밖에 없고요. 오리가 잡초를 먹어 없앨 뿐만 아니라 곳곳에 배설물을 뿌려 놓으니 비료를 따로 뿌리지 않아도 거름을 주는 효과가 있지요. 오리들은 마음껏 헤엄칠 공간, 먹이를 찾아 먹을 식당이 생겨서 좋고 사람들은 잡초를 제거하랴 비료를 뿌리랴 힘들지 않아도 좋으니 오리 논은 일석 몇 조인가요?

수달과 하천 생태

"수달은 어쩌다 천연기념물이 되었을까?"

　　천연기념물이라고 하면 흔히 귀하거나 보전할 가치가 있는 동식물로 생각할 수 있으나 천연기념물의 범주에는 동식물뿐만 아니라 광물까지 포함됩니다. 그뿐만 아니라 동식물의 서식지, 번식지, 자생지까지 다 포괄합니다. 한마디로 보호 가치가 있다고 법으로 지정된 '자연물 전체'를 이르는 말이지요. 천연기념물의 뜻을 정확히 알아야 대상을 지킬 수 있어요. 수달이 천연기념물이라는 걸 아는 것만으로는 수달을 보호하고 지킬 수 없어요. 그렇다면 천연기념물인 수달을 보호한다는 것은 어떤 의미여야 할까요?

　　수달을 우리에 가두는 게 보호일 수는 없어요. 자연 상태에서 살아가는 수달이 가능하면 위험에 처하지 않고 잘 살 수 있도록 법적으로 보호하는 것이 중요합니다. 그러려면 수달이 살아가는 환경을 보호해야 해요. 수달의 서식지는 하천을 따라 형성

수달. ⓒ최원형.

됩니다. 암컷이냐 수컷이냐에 따라 차이가 나지만 최대 15km에
이르는 하천가가 수달 한 마리의 서식지라고 할 수 있어요. 그러
니까 천연기념물인 수달을 보호하기 위해서는 하천 주변을 총체
적으로 보호해야 합니다. 천연기념물로 지정해서 보호할 정도로
수달이 귀해진 배경에는 여러 이유가 있어요. 과거에는 털 때문
이었어요. 포유동물이면서 물속 생활에 적응한 수달의 털은 이
중으로 되어 있어요. 바깥털 안쪽에 치밀한 속털이 있는데 바로
이 속털의 방수와 보온 기능이 매우 뛰어납니다. 속털은 수달이
물속에 있을 때 물이 들어오는 걸 막아 줘서 체온을 유지하는 기
능을 해요. 이런 털의 장점 때문에 고급 모피로 인기를 끌면서
수달이 빠르게 멸종의 길을 걷게 되었어요.

남획으로 수달이 사라지면서 자연 생태계 균형이 깨지는 걸 지켜보던 세계 각국은 수달 보호를 위한 행동에 나서기 시작했어요. 거기다 대체할 만한 다른 방한용 의류가 개발되고 수달 털의 수요가 줄어든 것도 수달에게 다행한 일인데요. 대신 환경 파괴 문제가 수달을 괴롭히고 있어요. 농사나 산림 방제에 사용하는 살충제 등 오염 물질이 흘러드는 하천에는 물고기가 제대로 살 수가 없어요. 수달의 먹이인 물고기가 줄어드는 것은 수달 수의 감소와 바로 연결되지요. 그나마 살충제가 환경을 훼손시킨다는 연구 결과가 나오면서 사용을 규제하니, 하천 오염 문제도 개선되고 있어요.

최근 들어서는 하천 주변 정비사업이나 도로 건설, 습지 매립 등으로 땅의 용도를 변경하는 개발 행위가 수달의 생존을 위협하고 있습니다. 물고기를 잡으려 설치한 통발 그물도 수달에겐 치명적입니다. 댐이 건설되고 하천에 수중보를 설치한 것도 하천을 끼고 살아가는 수달에게는 큰 장애가 됩니다. 천연기념물을 보존하는 일을 단지 생물종을 보전하는 일이 아닌 '생물이 살아가는 서식지 전반을 보전'하는 일로 이해해야 하는 까닭이 여기에 있습니다. 그렇다면 하천에 서식하는 많은 생물 중 왜 수달을 천연기념물로 지정했을까요? 수달은 우리나라 습지 생태계에서 최상위 포식자로 수달이 서식하는 지역의 건강성을 판단하는 지표종이기 때문이지요. 세계자연보전연맹(IUCN)에서도 수달을 해당 지역의 하천 및 습지의 건강도를 판단하는 지표종으로 분류하고 있어요. 수달의 개체 수가 적절히 유지되고 있다는 것은 그 지역의 생태계가 균형을 이루고 있다는 의미입니다. 지구에는 13종의 수달이 극지방과 시베리아, 사막을 제외한 대륙의 하천에서 살아가고 있고 각 나라는 수달을 지키려는 노력을 활발히 펼치고 있어요. 미국 뉴욕주 환경국이 수달 프로젝트를 시행하면서 뉴욕주 하천에 수달을 방사했고 독일 뮌헨에서도 이자르강을 **직강화**♥하면서 수달이 사라지자 강변 식생을 되살려 수달이 돌아올 수 있도록 했어요. 2021년에 독일은 수달을 올해의 야생동물로 지정했어요. 5월의 마지막 수요일은 '세계 수달의 날(World Otter Day)'입니다.

천연기념물인 수달이 서울에 산다고?

댐이나 수중보가 생기기 전에는 한강에 당연히 수달이 살았어요. 1974년 한강 상류에 팔당댐이 준공된 이후 팔당댐 하류에서 수달을 발견한 건 2017년이 처음이었어요. 탄천과 한강이 만나

♥ 하천의 물길을 직선으로 바꾸는 것. 물이 흐르는 속도가 빨라져 주변 지역의 홍수 피해는 줄일 수 있으나, 하류 지역은 한꺼번에 물이 몰려들어 홍수 피해가 커지게 된다.

는 유역에서 시민이 발견했다는 제보가 있은 뒤로 환경부가 꾸준히 조사한 끝에 2017년 1월 한강에서 수달 가족 네 마리를 발견했거든요. 이후 불광천, 중랑천, 홍제천 등 서울 하천 곳곳에서 수달을 보았다는 제보가 이어지고 있어요. 또 수달을 직접 보진 못해도 발자국이나 똥, 먹다 남긴 먹이 등 흔적으로 수달의 등장을 유추할 수 있게 되었어요.

수달과 해달의 차이점

둘 다 족제빗과에 속해요. 해달은 바다에 사는 수달이라는 뜻입니다. 바다에 둥둥 떠 있다면 해달이에요. 거의 일생을 바다에서 지내며 바닷물 위에 배를 위로 내놓고 누워 지내지요. 해달은 조개를 먹는데 수달은 조개를 먹지 않아요. 수달은 물 밖으로 머리를 내밀고 헤엄을 치며 물속에 사는 물고기 등 수생동물을 잡아먹고 살아요. 하천이나 저수지 등에 주로 살지만 양식장에 있는 물고기를 잡으러 바다에도 갑니다. 그렇지만 해달과 수달의 서식지가 겹치지는 않아요. 우리나라에는 수달만 살아요. 해달은 배영을, 수달은 자유형을 한다고 기억해 보세요.

바다에 둥둥 떠 발을 비비며 몸단장하는 수컷 해달.

그렇다면 수달은 왜 서울로 왔을까요? 도시는 지구에서 가장 빠르게 확장되는 공간입니다. 외국에선 코끼리, 표범, 곰, 그리고 많은 새들이 도시로 모여들고 있어요. 인구가 많으니까 먹을 것도 많을 테고요. 또 시민들이 자연의 소중함을 깨닫기 시작하면서 생태계를 복원하고 생물들과 공존하려는 노력을 하고 있는 것도 도시로 동물들이 모이는 이유이기도 해요. 우리나라에는 1950년대부터 하천 위를 콘크리트로 덮어 도로나 주차장으로 이용하는 복개천이 생기기 시작했어요. 자가용이 증가하면서 전국적으로 복개천을 만드는 게 유행처럼 퍼져 나갔고요. 하천에서 살아가는 생물들의 입장을 전혀 고려하지 않은 행위였어요. 볕이 들지 못하는 하천에서 누가 살 수 있을까요? 21세기 들어 서울의 대표 하천인 청계천의 복개가 철거되고 생태공원이 생겼고, 전국 20곳의 도시 하천을 덮었던 시설물도 철거되면서 물길을 복원하는 도심하천 복원사업이 추진되었어요. 정치적인 해석도 분분하나 어찌 되었든 이 사업이 망가진 하천 생태계에 숨을 불어넣어 준 것만은 사실입니다. 생태하천으로 복원하면서 건강한 환경으로 도심하천이 바뀌고 있다는 걸 수달이 등장해서 증명해 주고 있는 것 같아요. 서울뿐만 아니라 전국적으로 수달이 다시 돌아오고 있다는 소식은 많아요. 어렵게 돌아온 수달을 오래도록 세대를 이어 가며 지키는 게 우리에게 주어진 의무이자 권리라 생각합니다.

더 알아보기

왜 우리나라에 살지 않는 생물이 하천에서 발견이 될까?

하천 생태를 조사해 보면 우리나라에 살지도 않는 큰입배스나 블루길 같은 물고기들이 발견돼요. 왜 이런 일이 벌어지는 걸까요? 여러분도 짐작하겠지만 누군가가 외국에서 들여온 반려동물을 키우다가 처리가 곤란해지자 하천에 풀어놓았기 때문입니다. 그래서 반려동식물을 키우고자 할 때 끝까지 책임을 지겠다는 마음가짐이 필요해요. 큰입배스와 블루길뿐만 아니라 붉은귀거북, 뉴트리아 등이 우리나라 하천에 늘어나게 되었어요. 외래종이 우리나라에 들어와 적응한다는 것은 토종생물을 먹잇감으로 삼고 있다는 의미니까 생태계의 균형이 망가질 수밖에 없어요. 이런 외래종이 문제가 되는 건 상위 포식자가 없기 때문인데요. 우리에겐 하천을 지켜 줄 수달이 있어요. 귀여운 외모를 지닌 수달이 우리 하천의 최상위 포식자입니다. 우리 하천에 예전처럼 수달의 숫자가 회복되어야 하는 이유이지요.

수달 말고 하천 주변에 살아가는 생물은 또 누가 있을까?

일정한 물길을 형성해서 지표를 흐르는 물줄기를 하천이라고 합니다. 규모가 크다면 '강'으로 작으면 '천'이라고 부르지요. 서울에는 큰 물줄기인 한강이 있고 한강으로 흘러 들어오는 중랑천, 홍제천, 안양천, 탄천 등이 있어요. 물은 높은 곳에서 낮은 곳으로 흐르잖아요? 이 과정에서 높은 곳에는 깎아 내리는 침식작용이 일어나고 낮은 곳에는 실려 온 흙과 모래가 쌓이는 퇴적작용이 이루어지지요. 모양도 시간에 따라 바뀝니다. 또 하천 양쪽에는 제방을 쌓고 하천 안에는 보나 댐, 저수지 등 인공 구조물을 만들기도 해요. 이런 인공 구조물로 물 흐름이 원활하지 못하면 여름에 녹조가 대량으로 발생하게 되고 하천에 사는 생물들을 위협하게 됩니다. 생태계 균형을 가장 크게 깨뜨리는 건 외래종보다도 사람입니다.

다양한 지형지물만큼이나 살아가는 생물도 무척 다양합니다. 하천 생태계는 물만 떼어서 이야기할 수가 없어요. 물의 흐름이 빠른 곳이 있는가 하면 느린 곳이 있어요. 발원지와 상류, 하류 지역의 생태계도 달라요. 한마디로 하천 생태계는 매우 복잡합니다. 하천 주변에서 살아가는 대표적인 포유류로 수달, 고라니, 너구리, 족제비, 삵 그리고 멧밭쥐가 있고요. 조류로는 백로, 오리, 할미새, 도요물떼새가 있어요. 양서류로 도롱뇽, 개구리, 맹꽁이, 두꺼비 등이 있고요. 유혈목이, 무자치, 쇠살모사, 줄장지뱀 같은 파충류도 있어요. 그리고 물속에 사는 어류와 하천 바닥에 사는 저서무척추동물이 있지요. 저서무척추동물은 주로 물속 수초나 수변을 서식 공간으로 삼아 생활사의 전체나 일부를 물에서 보내는 동물을 말해요. 강이나 개울도 마찬가지로 물의 흐름이 구간마다 달라요. 물 흐름이 빠른 곳에 하루살이, 강도래, 날도래, 뱀잠자리 등이 주로 살아요. 흐름이 느리거나 고여 있는 곳에 잠자리, 노린재, 딱정벌레 무리가 살아요. 저서생물에 대해서는 8월에 이야기를 더 이어 갈게요.

도시에 사는 내가 수달을 보호할 수 있을까?

지역마다 보호종이라든가 지역을 상징하는 동식물이 있어요. 내가 사는 지역의 상징 동식물은 무엇인지, 그 동식물의 생태에 관심을 두는 게 수달을 보호하는 출발이라고 생각해요. 왜냐하면 관심을 기울여야 누가 누군지 구분할 수 있고 이름을 알게 되면 잘 지내고 있는지 안부가 궁금해지거든요. 곧 장마철이 시작되는 6월이 옵니다. 장마에 내린 폭우로 강물이 불어났을 때 물에 휩쓸려 내려온 수달을 구조하는 것도 수달을 보호하는 중요한 방법입니다. 다만 수달이 혼자 있다고 데려와서는 안 됩니다. 새끼라면 주변에 어미가 있을 가능성이 커요. 그럴 때는 천천히 지켜보다가 시간이 꽤 지나도 그대로 있다면 야생동물구조센터나 한국수달연구센터 등에 연락하세요. 수달이 도시에서 보이기 시작했다고 기뻐만 하기엔 아직 수달 앞에 놓인 위험이 너무 많아요. 자동차가 많은 도시는 로드킬의 위험도 늘 있으니까요. 시민의 관심이 많을수록 수달은 안전하게 살아갈 수 있을 겁니다.

우리나라 강에는 보가 많아요. 보는 수달뿐만 아니라 물고기들의 이동도 방해합니다. 지자체에 **어도**[W]를 만들어 달라고 요구하는 시민들이 있어요. 어도는 보로 단절된 하천을 어렵게나마 연결하여 완전히 끊긴 물고기 이동을 가능케 해 주긴 해요. 그렇지만 어도가 마련되었기에 보가 있어도 괜찮다는 뜻은 아니에요. 중요한 것은 물고기들의 왕래를 여전히 보가 방해하고 있다는 사실입니다. 물고기들의 왕래가 자유로울 방법을 모색해야 해요. 그래야 수달이 떠나지 않고 우리 곁에서 살아갈 수 있으니까요. 동네에 하천이 있다면 일단 하천 주변을 자꾸 기웃거려 보세요. 안전하고 얕은 곳부터 들여다보세요. 자꾸 물고기를 관찰하다 보면 관찰하기 더 좋은 곳을 알게 되거든요. 자연의 관찰자가 되면 친구나 지인에게 안내하고 싶은 마음이 들어요. 자연 안내자가 되는 거지요. 많은 사람이 물고기와 친해지게 되고 자연 안내자가 되는 게 수달을 보호할 수 있는 가장 빠르고 좋은 방법입니다.

[W] 물고기가 하류에서 상류로 올라갈 수 있도록 만든 구조물.

6월

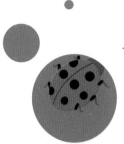

무당벌레, 살아 있는 농약

"초록 풀밭에 빨간색은 너무 눈에 잘 띄는데
무당벌레는 천적이 두렵지 않을까?"

무당벌레의 앞날개는 산뜻하고 선명한 빨간색이에요. 노란색 날개를 지닌 무당벌레도 있지만 대개는 빨간색이지요. 빨간색은 초록색과 대비를 이루며 눈에 잘 띄는 색이에요. 무당벌레는 활동 무대가 풀이 많은 곳이면서 대체 왜 이토록 강렬한 색으로 진화한 걸까요? 눈에 잘 띄면 당연히 천적에게 들키기도 쉬운데 말이지요. 새똥을 닮은 거미, 몸을 늘려 나뭇가지와 비슷하게 붙어 있는 자나방 애벌레, 풀밭에 오면 초록색으로 땅에서는 흙색으로 몸 색을 바꾸는 개구리처럼 대부분 동물은 자기 몸이 드러나지 않도록 보호색을 띠는데 무당벌레는 왜 그런 걸까요?

무당벌레는 눈에 잘 띄도록 색을 지니는 게 자기를 보호하는 한 방법이랍니다. 강렬한 색깔의 옷을 입은 무당벌레는 누군가가 잡으려고 하면 여섯 개 다리를 움츠리고는 땅으로 툭 떨어

강렬한 색의 옷을 입은 게 생존 전략인 무당벌레. ⓒ최원형.

저요. 죽은 척하는 의사(擬死) 행동을 하는 거예요. 무당벌레의 이런 행동을 이미 본 사람도 있을 거예요. 진짜 죽은 건지 확인하려 만지면 냄새도 고약한 노란 액체를 내놓잖아요. 이 노란 액체는 냄새만 고약한 게 아니라 쓴맛까지 있어서 무당벌레를 한번 맛본 동물은 두 번 다시 거들떠보지도 않을 것 같아요.

곤충을 주로 잡아먹는 새가 무당벌레의 최대 천적일 텐데요. 오래전 새들이 무당벌레를 잡아먹었다가 그야말로 쓴맛을 본 이후로 화려하고 눈에 잘 띄는 곤충을 경계하게 되었답니다. 무당벌레가 이렇듯 눈에 띄는 앞날개를 지닌 이유가 보호색이라니 생물마다 살아가는 방법이 정말 다양한 것 같아요. 무당벌레의 개성 넘치는 색깔과 무늬에 바가지를 엎어 놓은 듯 둥그렇게 생긴 앞날개는 멋져 보이지만 이 날개로는 날기 어려워 보이지요? 딱딱한 앞날개는 외골격을 지닌 곤충의 특징으로 몸을 보호하는 역할을 합니다. 그리고 비행기의 날개처럼 균형을 잡는 역할을 해요. 무당벌레가 날 수 있는 추진력은 앞날개 속에 감춰진 뒷날개가 만든답니다. 위로 위로 올라가다가 더 이상 오를 곳이 없을 때 무당벌레는 비로소 앞날개를 양쪽으로 벌리고 고이 접혀 있던 뒷날개를 활짝 펼칩니다. 마치 로봇이 변신하듯 무당벌레가 거의 2배로 커지는 걸 지켜볼 수 있어요. 무당벌레는 전 세계적으로 4,000종 이상이 있고 우리나라에는 90종 이상이 서식하고 있어요. 무당벌레는 몸길이가 고작 3mm밖에 안 되는 작은 크기부터 종류가 다양한데 가장 큰 남생이무당벌레가 8~13mm 정도입니다.

관찰하기

무당벌레는 왜 위로만 올라갈까?

진딧물이 주로 새순이나 꽃대에 모이기 때문일 거라고 추정하고 있어요. 진딧물이 많아지면 잎이나 열매까지 옮겨 가긴 하지만요. 그러니 먹이인 진딧물을 찾아 위로 위로 올라가는 게 아닐까 짐작한답니다. 앞날개를 활짝 펼치고 뒷날개를 꺼내기에도 꼭대기가 좋지 않을까요? 여러분 생각엔 왜 그런 것 같나요?

무당벌레가 유리창에서 미끄러지지도 않고 잘 기어갈 수 있는 비결은 뭘까?

매끈한 유리창을 잘 기어 올라가는 개구리를 생각하면 됩니다. 청개구리 발가락에는 흡반이 있어서 유리에서 떨어지지 않도록 단단히 잡아 주잖아요? 무당벌레도 발끝에 빨판처럼 된 털이 많이 나 있고 발끝에서 끈적거리는 액체가 나와요. 유리창에서도 미끄러지지 않고 잘 기어갈 수 있는 비밀이지요. 그런데 무당벌레의 발에는 왜 흡반이 있을까요? 사실 정답을 알 수는 없지만 진드기를 먹기 위해 풀줄기를 타고 올라가는 무당벌레의 습성을 생각하면 흡반의 필요성이 느껴져요.

흡반이 있는 동물은 꽤 있어요. 생존에 유리하기 때문일 거예요. 거머리는 모내기하는 농부의 허벅지에 한번 들러붙으면 잘 떨어지질 않지요. 거머리는 몸 앞과 뒤에 흡반이 있어 그걸 숙주의 몸에 부착시키고 피를 빨아 먹어요. 이때 거머리는 생리 활성을 원활히 하고 혈액순환에 도움을 주는 60종류의 화학 물질을 분비한다고 하니, 만약 거머리가 붙으면 당황하지 말고 흡반을 살살 떼어 내면 좋을 것 같아요.

학치라고 들어 보았나요? 최고의 흡반 성능을 지닌 물고기예요. 농어목 학치과로 분류되는 학치는 흔히 클링피시(Clingfish)로 불려요. 이미 이름에서 어딘가에 매달려 산다는 생태 정보를 짐작했지요? 알래스카 해안에서 멕시코에 이르는 태평양 연안에서도 특히 파도가 강하게 치는 바위투성이 연안에 학치가 살아요. 다 자란 학치 길이는 6cm 정도로 작은 물고기인데 펑퍼짐한 머리 아래 가슴부위에 강력한 흡반을 가지고 있어요.

학치류는 전 세계 바다에 살고 있다고 해요. 우리나라 제주에도 황학치라는 물고기가 살고요. 학치류 물고기는 울퉁불퉁한 바위에 흡반을 붙이고 있으면 거센 파도에도 끄떡없다고 해요. 매끈한 곳도 아니고 울퉁불퉁한 곳에 흡반을 붙이다니 놀랍지 않나요? 과학자들이 실험해 봤더니 학치의 빨판 흡착력은 자기 몸무게의 150배나 견딜 정도라고 합니다. 문어, 오징어 그리고 빨판상어도 흡반을 갖고 있어요.

흡반을 갖춘 식물도 있어요. 잿빛 도시를 초록으로 물들이는 담쟁이덩굴 이야기입니다. 담쟁이덩굴은 덩굴손 끝부분에 있는 흡반을 붙이며 벽을 타고 올라갑니다. 가을에 잎이 진 뒤 담쟁이덩굴이 있던 곳을 살펴보세요. 마치 발자국처럼 흡반 흔적을 찾을 수 있어요. 이런 생물들의 흡착력에서 힌트를 얻은 사람들이 우리 삶에 편리한 물건을 만들고 있지요.

무당벌레는 익충이고 개미는 해충일까?

진딧물을 놓고 개미와 무당벌레는 서로 경쟁 관계에 있어요. 개미는 진딧물의 단물을 얻으려 진딧물을 돌보고, 진딧물이 위험에 처하면 이주도 시켜요. 마치 목장을 경영하듯 진딧물을 사육하면서 필요한 단물을 얻지요. 한편 무당벌레는 큰 턱으로 진딧물을 물어뜯은 다음 체액을 빨아 먹어요. 작은 진딧물을 우적우적 통째 씹어 먹기도 하고요. 그러니 진딧물이 있는 곳에서 개미와 무당벌레가 만나 싸울 때도 있겠지요.

　　농민들의 골칫거리인 진딧물을 먹어 치우니 무당벌레야말로 자연 살충제입니다. 그렇다면 무당벌레는 익충이고 개미는 해충일까요? 익충과 해충을 가르는 기준을 정하는 게 누구냐에 따라 결론은 정반대로 나올 수도 있어요. 만약 진딧물을 돌보는 개미가 없다면 그만큼 무당벌레가 먹을 수 있는 진딧물 개체 수도 줄어들지 않을까요? 또 무당벌레라고 다 익충이라고 할 수도 없어요. 대부분의 무당벌레는 육식성으로 진딧물을 먹지만 몇 종류는 초식성으로 감자 등 가짓과 식물의 잎을 먹어서 농작물에 피해를 끼쳐요. 대표적인 게 이십팔점박이무당벌레로 앞날개 표면이 온통 털로 덮여 있답니다. 앞날개가 털로 덮여 있는지, 매끈하게 광택이 나는지에 따라 초식하는 무당벌레와 육식하는 무당벌레를 구분 짓기도 해요. 기후 위기 시대에 채식이 각광받고 있지만 무당벌레에 한해서는 육식하는 친구를 더 높이 평가합니다.

무당벌레의 대표 선수 하면 칠성무당벌레죠. 빨간 앞날개에 검은 점이 일곱 개 있다고 해서 붙여진 이름입니다. 칠성무당벌레는 하루에 잡아먹는 진딧물 수가 무려 399마리라는 기록이 있을 정도로 많은 수의 진딧물을 먹어 치웁니다. 진딧물이 아닌 애벌레를 잡아먹는 무당벌레도 있어요. 남생이무당벌레는 호두나무잎벌레의 애벌레를 잡아먹어요. 식물에 붙은 흰가루병균 같은 균류를 먹어 치우는 노랑무당벌레도 있고요.

농사에 해를 끼치는 진딧물을 잡아먹으니 이런 무당벌레를 두고 '살아 있는 농약'이라고 표현해요. 하지만 진딧물이 더 많아지면 진짜 농약을 칠 수밖에 없어요. 그렇다면 진딧물은 무당벌레가 감당할 수 없을 만큼 많아질까요? 봄에 비가 적어 가물고 고온일 때가 진딧물이 증식하기 좋은 조건이라고 해요. 최근 들어 우리나라 봄철 가뭄이 해마다 이어지고 있지요. 또 봄꽃이 이르게 필 만큼 기온도 높고요. 기후 변화가 진딧물의 생태에까지 영향을 끼치고 있어요.

무당벌레의 천적은 누구일까?

무당벌레는 추운 겨울 동안 마른 풀이나 낙엽 또는 돌 아래에서 겨울잠을 잡니다. 종류에 따라 많은 무리가 서로 몸을 기대고 겨울잠을 자기도 하고 칠성무당벌레의 경우는 크게 무리 짓지 않고 일고여덟 마리가 모여서 겨울을 지냅니다.

따사로운 햇살이 대지를 감싸기 시작하는 3~4월경 무당벌레는 풀잎과 낙엽 위로 올라와 햇볕을 쬐며 활동을 시작해요. 겨울이어도 따뜻한 날에는 낙엽 밑에서 기어 나와 앞날개를 폈다 접었다 하며 햇볕을 쬘 때도 있어요. 봄 햇살이 화창한 날 무당벌레는 진딧물이 잔뜩 모여 있는 장미나 망초가 있는 곳으로 가서 식사를 합니다. 진딧물 있는 곳에 무당벌레가 꼬이기 마련이니 이곳에서 짝짓기도 해요. 그러고는 진딧물이 있는 풀줄기나 잎 뒷면에 알을 낳아 붙여 놓아요. 주황색 럭비공처럼 생긴 알은 길이가 1.5mm 정도나 될까요? 알에서 애벌레가 나오고 1시간쯤 지나면 하얗던 애벌레 몸 색깔이 검게 변해요. 네 번 허물을 벗고 어른벌레가 되는데 애벌레일 때 먹이가 부족하면 서로 잡아먹기도 해요. 마지막 허물을 벗기 전 번데기가 되는데 이것을 용화라 합니다. 번데기에서 허물을 벗고 날개돋이를 할 때가 곤충들에겐 가장 위험한 시간이지요.

그렇다면 무당벌레의 천적은 누구일까요? 일반적으로 곤

충에게 가장 무서운 천적은 조류인데 무당벌레는 새들을 가볍게 물리쳤잖아요? 좀벌류, 고치벌류 그리고 기생파리류가 무당벌레의 천적이에요. 좀벌과 고치벌은 무당벌레의 애벌레 몸에 알을 낳아요. 기생파리는 무당벌레 애벌레의 몸 밖에다 알을 낳아요. 부화한 기생파리 애벌레는 무당벌레 애벌레의 몸속으로 파고 들어가 양분을 빨아 먹고 자라지요. 새들을 물리치고 천적이 사라졌다면 무당벌레 수가 너무 많이 늘어나 이 또한 새로운 문제를 만들었을 거예요. 자연은 스스로 균형을 맞춥니다. 이보다 더 놀라운 일이 어디 있을까요? 아, 우리 인간이 무당벌레의 최대 천적일 수도 있겠다 싶어요. 살충제를 마구 뿌려 대다 보면 무당벌레인들 온전할 수 있을까요? 유기농으로 기른 채소와 과일을 먹는 것은 자연의 균형을 무너뜨리지 않는 일이라 생각합니다.

그 많던 무당벌레가 왜 한여름에는 잘 보이지 않을까?

사람도 너무 더운 날이면 여름휴가를 가듯이 생물들도 무덥고 건조한 여름에는 활동하지 않고 휴면 상태로 지내요. 이걸 여름 잠이라 합니다. 여름잠은 열대 지방에서도 특히 심하게 건조한 사막이나 열대·아열대 지방에서 발달하는 사바나(초원) 같은 생태계에서 나타나는 현상인데 더러 온대 지역에서도 관찰됩니다.

무당벌레가 한여름에 잘 보이지 않는 이유도 여름잠 때문이지요. 무당벌레 중 일부는 풀뿌리 등에서 여름잠을 자고 또 겨울잠도 잡니다. 우리나라에서 여름잠을 자는 동물로 무당벌레와 함께 달팽이, 개구리, 도롱뇽, 왕은점표범나비 등이 있어요. 달팽이는 비가 오는 날엔 유난히 많이 보이는데 해가 쨍 나면 잘 보이질 않아요. 껍데기 안에 들어가 숨 쉬는 구멍 하나 뚫어 놓고는 껍데기 속은 열기가 들어오지 않도록 점액으로 막아 두고 여름잠을 잡니다. 한여름에 체온 조절이 힘든 개구리도 여름잠을 자고는 해요. 두꺼비와 맹꽁이는 봄잠을 잡니다. 계절별로 잠을 자는 동물들이 꽤 되네요. 그렇다면 가을잠은 없냐고요? 가을에는 잠을 자면 안 될 것 같아요. 가을은 겨울을 준비하는 시기잖아요. 부지런히 먹이를 섭취하며 겨울잠을 자는 동안에 필요한 에너지를 몸이든 곳간이든 저장해야 할 계절이 가을이니까요.

바다에 사는 해삼과 까나리도 여름잠을 잔다고 해요. 아직까지 동물들이 왜 여름잠을 자는지 명확하게 밝혀진 건 없는데요. 덥고 건조한 환경에서 버티기 위해 활동하지 않고 대사를 최소화해서 버티는 것으로 추정하고 있어요. 여우원숭이처럼 무더운 아열대 지방이나 열대 지방에서 여름잠을 자는 동물들이 있는 걸 보면 너무 힘든 환경에 놓였을 때 잠시 쉬어 가기 위해 잠이라는 선택을 한 게 아닌가 싶어요.

가시박, 외래종과 교란종 그리고 종 복원

"새로운 생물이 우리나라에 들어오면 생물종이
늘어나니까 좋은 건데 왜 외래종을 없애는 걸까?"

생물종이 많을수록 좋은 건 맞아요. 그렇기에 멸종을 막으려 전 세계가 노력하고 있기도 하고요. 이런 상황에 외국에서 유입된 생물이 많아지면 생물종 다양성이 풍부해지니까 좋은 것 아닐까요? 그런데 뉴스에서는 외래종을 부정적으로 바라보고 없애야 한다고 말할 때가 많아요. 왜 외래종이라고 해서 없애야 하냐는 의문이 충분히 생길 만해요.

가시박이라고 혹시 들어 본 적 있나요? 조롱박이나 호박과 같은 박과 식물이긴 한데 호박이나 조롱박처럼 열매의 쓰임새가 있진 않아요. 쓰임이 없는 정도를 넘어서 생태계를 교란시키는 대표적인 식물입니다. 누군가는 식물계의 황소개구리라는 표현을 쓰더라고요. 우리나라에 살던 개구리보다 훨씬 큰 몸집의 황소개구리는 닥치는 대로 먹어 치우며 생태계의 균형을 망가뜨린다는 사실이 알려지면서 주목을 받았지요. 황소개구리는

1998년 블루길, 큰입배스와 함께 우리나라에서는 처음으로 생태계 교란 생물로 지정되었어요. 가시박도 흡사합니다. 가시박은 2009년 환경부에 등록된 11종의 생태계 교란 식물 가운데 하나인데요. 미국과 캐나다가 원산지인 가시박은 하천과 습지를 중심으로 퍼지기 시작하면서 주변을 완전히 뒤덮어서 흉물스럽기 짝이 없는 풍경을 만들고 있어요. 가시박은 덩굴성 식물로 같은 박과 식물인 호박덩굴이 줄기를 길게 뻗듯이 퍼져요. 줄기에 간격을 두고 넓은 잎을 펼치고, 줄기 마디에서 서너 갈래로 덩굴손이 나와 땅을 기다가 타고 올라갈 무언가가 있으면 그걸 휘감아 타고 올라갑니다. 전봇대일 수도 집일 수도 다른 나무일 수도 있

가시박 열매(사진)와 가시박이 뒤덮은 풍경(그림). 그림 ©최원형.
가시박은 퍼지기 시작하면 주변을 완전히 뒤덮는다!

　질문으로 시작하는 생태 감수성 수업

어요. 무엇이든 덩굴손에 닿으면 타고 자랍니다.

가시박은 최대 10m 이상 자라며 고온 다습한 여름에는 하루에 30cm 이상 자랄 정도로 파죽지세죠. 이렇듯 엄청난 속도로 넓게 덩굴을 뻗으며 주변 식물을 뒤덮습니다. 가시박에 포위된 식물은 햇빛을 볼 수 없게 되죠. 또 가시박은 강력한 화학 물질을 배출해서 주변에 있는 풀은 말할 것도 없고 나무까지 말라 죽게 만들어요. 6월에 싹이 나서 8월에 꽃이 피고 10월이면 온통 가시로 뒤덮인 열매를 맺는데, 가시박 한 뿌리에서 2만 5,000여 개 씨앗을 생산한답니다. 무서운 속도에 엄청난 양으로 씨앗을 쏟아 내니 생태계를 점령하는 일은 시간문제가 아닐까 싶어요.

가시박이 하천과 습지 주변으로 퍼지다가 이제는 마을까지 파고들고 있어요. 농작물에 피해를 줄 뿐만 아니라 과일나무도 고사시키고, 가을 들녘이면 한들한들 피던 코스모스며 들꽃도 모두 가시박 기세에 눌려 더 이상 가을 풍경을 보기 어려워졌다고 합니다. 그렇다면 생태계에만 문제를 일으킬까요? 1cm 정도 크기의 열매에 촘촘히 나 있는 가시에 찔리면 빼기도 쉽지 않고 가시에 긁히면 피부염으로 고생할 수 있습니다. 꽃가루는 가려움증과 알레르기를 유발할 수도 있다고 해요. 가시박이 더 이상 퍼지지 않도록 하려면 가능한 어릴 때 뿌리째 뽑는 것이 중요합니다. 6, 7월에 어린싹을 뿌리째 제거하는 게 가시박을 없앨 수 있는 최선인데 이렇게 한 번 뽑는 것만으로는 사라지지 않아요. 엄청난 씨앗을 퍼뜨리니까요. 해서 1년에 여러 차례, 가능하면 작게 자랐을 때 그리고 또 가능하다면 씨앗을 맺기 전에 뽑아야 합니다. 가시박을 내버려둬야 한다는 의견도 있어요. 아무리 제거하려 해도 불가능할 테고 결국 자연이 균형을 찾을 테니까요.

식물은 화학공장

가시박처럼 화학 물질을 배출해서 주위에 있는 식물이 생존할 수 없도록 하는 이런 현상을 타감작용이라고 해요. 가시박뿐 아니라 많은 식물이 화학 물질을 배출합니다. 대표적인 게 소나무인데요. 소나무 주위에 다른 식물이 잘 자라지 못하는 건 소나무가 휘발성 유기산을 분비하기 때문이에요. 소나무는 햇빛을 좋아하는 식물이라 주위에 다른 식물이 자라면 아무래도 성장에 방해가 되니 그런 거 아닐까요?

기린은 아카시아(우리나라의 아까시나무가 아닌 아프리카에 사는 식물)를 좋아해요. 그런데 아카시아잎을 뜯어 먹으면 아카시아가 주변에 있는 다른 아카시아에 이를 알리는 가스를 뿜는다고 해요. 말하자면 식물들끼리 화학 물질로 정보를 공유하는 거지요.

생태계를 교란하는 외래종은
왜 우리나라에 들어오게 된 걸까?

외래종이 생태계에 얼마나 치명적인 영향을 끼치는지 알고 나면 왜 우리나라에 이런 생물이 오게 된 건지 이유가 궁금해집니다. 가시박이 우리나라에 들어온 건 1980년대 후반으로 오이와 호박을 접붙일 때 필요한 대목작물로 도입되었어요. 그러니까 가시박 줄기를 잘라 오이나 호박의 줄기를 붙이는 용도로 쓰였는데요. 접붙인다는 것은 보다 나은 종류로 개량을 하는 거예요. 예를 들면 오이나 호박을 병충해에도 강하고 빨리 자라는 등 상품성이 뛰어난 작물로 만들기 위해 가시박 줄기를 활용한 거지요. 앞서 설명한 가시박의 엄청난 성장률을 생각해 보세요. 이런 목적으로 들여온 가시박이 2000년 들어서면서 폭발적으로 확산하기 시작했어요. 지구 기온이 상승하면서 비가 많이 내리기 시작했고 불어난 강물을 타고 가시박 씨앗이 하천과 습지를 중심으로 퍼져 나가게 된 거죠.

우렁이 농법이라고 들어 보았나요? 왕우렁이가 물속에 잠긴 풀을 먹는 습성을 이용하여 제초제 없이 논의 잡초를 없애는 친환경 농법입니다. 왕우렁이 역시 외래종으로 남아메리카가 원산지예요. 토종 우렁이보다 몸집이 크고요. 왕우렁이는 애당초 식용으로 들여왔는데 1990년대 초부터 논의 잡초를 뜯어 먹는다는 사실이 알려지면서 농약을 대신하는 천연 제초제로 왕우렁이의 역할이 바뀌게 되었어요. 생태농업으로 가치가 높다지만 농사철이 아닌 나머지 시기에 우렁이는 어떻게 될까요? 왕우렁이는 하천이나 호수로 유출되면서 토종 우렁이를 잡아먹는 등 생태계를 교란시키고 있습니다. 우렁이가 논 외의 곳으로 퍼져 나가지 않도록 한다지만 그건 쉽지 않은 일입니다.

우리나라의 토종생물 가운데 왕우렁이와 같은 역할을 할 수 있는 생물종이 있다면 그걸로 대체하려는 노력이 필요해요. 과거에는 야생으로 퍼져 나가도 추운 겨울을 넘기지 못하니 크게 걱정할 게 없다고 주장하는 이들도 있었지만 이미 우리나라도 춥지 않은 겨울로 바뀌고 있으니까요. 어떻게든 살아남은 우렁이는 생겨날 테니 그런 왕우렁이가 우리 생태계에 미칠 영향도 상상해 봐야 할 것 같아요. 환경부에서는 몇 차례 왕우렁이를 생태계 교란종으로 지정하려는 시도가 있었지만 번번이 실패합니다. 농사일에도 쓰이지만 왕우렁이는 우렁쌈밥, 우렁된장국 등 여전히 식용으로도 쓰이고 있기 때문입니다. 많이 필요하니 왕우렁이를 양식할 테고요. 생물종을 사람이 관리하며 생태계의 교란을 막을 수 있다는 건 불가능에 가까운 얘기입니다. 생태계를 구성하는 생물들이 먹고 먹히는 관계를 형성한다면 모르겠지만요.

더 알아보기

그 많던 황소개구리는 어디로 갔을까?

한때 황소개구리가 우리나라 생태계를 교란하며 큰 피해를 주었어요. 전라남도 신안 군에 속해 있는 섬에까지 황소개구리가 퍼져서 주민들은 물론 생태계 균형에 문제가 생겼지요. 육지에서 떨어진 섬에 황소개구리가 퍼져 나갈 수 있었던 까닭은 뭘까요? 섬과 육지를 연결하는 다리를 황소개구리가 건너기도 했고, 다리가 연결되지 않은 섬에 는 주민이 몇 마리를 데려와 풀어 주었다가 섬 전체로 퍼져 나갔다고 해요.

미국이 원산지인 황소개구리가 우리나라에 처음 들어온 것은 1973년 진해 국립양어장 이 일본에서 200마리를 수입하면서부터였어요. 당시 수입 목적은 황소개구리를 기른 뒤 수출해 농가 수입을 올리고 식용으로도 쓰기 위해서였지요. 그 결과 200마리가 2년 만 에 약 31만 마리로 1,500배 이상 증가하면서 전국의 양식장에 분양되었어요. 목적 했던 대로 수출이 잘 안되면서 전국에 황소개구리는 퍼져 나갔고 개구리, 물고기, 개 개비 같은 조류, 그리고 뱀까지 잡아먹는 황소개구리로 생태계는 몸살을 앓게 되었어 요. 그런데 10년쯤 지나자 황소개구리 숫자가 급감해요. 우리나라의 토종생물들이 처 음엔 황소개구리를 먹이로 인식하지 못하다가 시간이 지나면서 포식하게 되었기 때문 이에요. 족제비가 황소개구리를 잡아먹기 시작했고 왜가리, 가물치 심지어 황소개구 리에게 당하던 뱀도 황소개구리를 잡아먹기에 이르렀어요. 약 22종의 생물이 황소개 구리 알과 올챙이 그리고 성체까지 잡아먹는 것으로 보고 있는데 이렇게 포식자가 생 기면서 황소개구리는 현재 수가 많이 줄어들었다고 해요. 이처럼 시간이 지나면서 외 래 생물종의 생태계 교란이 해결되기도 하지만 블루길과 큰입배스 같은 물고기는 여전 히 문제를 일으키고 있기도 해요.

안마도에는 사람 수의 5배가 넘는 사슴이 살고 있다고?

전라남도 영광군 안마도라는 섬에는 주민 200여 명이 살고 있는데요. 사슴은 무려 1,000여 마리나 살고 있어요. 섬에 사람 수의 5배가 넘는 사슴이 살아갈 때 어떤 일이 벌어질까요? 섬이라 대부분 식량을 자급자족하는 마을인데 무리 지어 다니는 사슴 수가 늘어나면서 농사를 계속 망치고 있어요. 사슴이 나무껍질을 벗겨 먹으니 나무가 온전히 성장할 수 없고요. 사슴은 야행성인데 안마도에서는 사람보다 수가 많아서인지 낮에도 돌아다닌다고 해요. 밤이 되면 마을로 내려온 사슴들의 울음소리가 밤의 고요함을 깨 버립니다. 마을과 등산로, 학교 운동장 등에는 사슴 배설물이 가득하고요. 주민들은 고통의 시간을 보내고 있어요. 숫자가 불어나니 근처에 있는 다른 섬으로 헤엄쳐 건너가는 사슴도 생겨나고 있다고 해요. 이 일이 벌어진 건 사슴 탓일까요?

섬에 사슴이 처음부터 자생한 것은 아니에요. 1980년대 중반에 축산업자가 사슴 십여 마리를 섬에다 버리고 간 게 이 재앙의 시작이었다고 해요. 야생에 살면서 사슴 숫자가 지속적으로 늘어날 수 있었던 배경에는 섬에 사슴의 천적이 없었던 게 결정적이었을 겁니다. 이제 사슴의 운명은 어떻게 될까요?

1880년대 미국은 목축을 시작하면서 가축을 잡아먹는 늑대를 사냥하기 시작했습니다. 결국 늑대 수는 급격히 줄어들다가 1926년 옐로스톤 국립공원 지역의 모든 늑대 무리가 사라져요. 이후 초식동물 수가 급증했습니다. 초식동물은 나무 새순이며 묘목을 다 먹어 치웠고 생태계는 엉망이 되었어요. 심각성을 깨달은 지역 환경단체 등이 모여 논의한 끝에 생태계 복원을 위해 캐나다에서 잡은 늑대 14마리를 옐로스톤 국립공원 내에 풀어 주었어요. 이 일은 전 세계에 늑대 신화로 회자됩니다. 늑대를 풀어 엘크(사슴)의 숫자가 줄어들고 옐로스톤 지역의 숲이 복원되었다는 성공 신화 말입니다.

그런데 옐로스톤 성공 신화가 사실이 아니라는 주장들이 나오기 시작합니다. 와이오밍주 어류 야생동물 관리국 협력연구소(Wyoming Cooperative Fish and Wildlife Research Unit) 매튜 카우프먼 박사팀은 늑대 도입이 옐로스톤 지역의 생태계 복원에 전혀 도움되지 않았다는 연구 결과를 학술지 〈이콜로지(Ecology)〉에 게재했습니다. 논문에 따르면 늑대가 등장한다고 해서 엘크들이 식습관을 바꾸지 않는다는 게 증명이 되었어요. 엘크가 늑대를 무서워하지 않을 뿐만 아니라 드넓은 옐로스톤 지역에서 늑대가 엘크를 찾아내기란 여간 어려운 게 아니라고 해요. 무리를 이루는 엘크들은 늑대가 다가오는 걸 쉽게 감지하고 재빠르게 달아날 수 있으니까요.

콜로라도 주립대학의 연구진에 따르면 늑대가 없던 시간 동안 옐로스톤의 생태계는 너무 많이 바뀌었다고 해요. 버드나무 같은 교목이 엘크 등 초식동물에 의해 사라졌고 비버의 수도 감소했으며 비버가 줄어드니 댐도 사라졌죠. 댐이 사라진 개울에는 물이 빠르게 흘러 지형이 크고 깊게 침식되었다고 해요. 그렇게 침식되면서 물가에 있는 버드나무 뿌리까지 파고 들어가 다시 예전 풍경으로 돌아가기엔 너무 늦어 버렸다는 거지요. 또한 가지 간과하지 말아야 하는 것이 늑대를 캐나다에서 생포해 왔다는 사실이에요. 그 늑대들은 살던 곳에서 느닷없이 잡혀 왔잖아요. 망가진 생태계를 복원하기 위해 또 다른 곳에 있던 늑대를 잡아들여 다른 지역에 풀어놓는 이 행위는 과연 생태적인 일일까요? 중요한 것은 망가뜨리지 않는 것입니다.

우리나라 숲에 여우가 산다는데 사람들이 위험하지 않을까?

한쪽에서는 교란종이라고 없애고, 한쪽에서는 생물이 살던 서식지를 개발이라는 이름으로 망가뜨리면서 특정 생물종을 멸종시켜요. 또 한쪽에서는 멸종된 동물을 복원하고 있지요. 교란종과 멸종시키는 종 그리고 복원종이 일치하는 것은 물론 아니지만 이런 현상을 지켜보면서 여러분은 어떤 생각이 드나요? 자연이 인간 마음대로 조정 가능한 것처럼 보이지 않나요?

　이 세 가지에는 모두 인간이 개입해 있어요. 여우를 복원했고 따오기와 황새, 반달가슴곰을 복원했어요. 복원해서 야생으로 풀어 주는 걸 방사라 하죠. 그런데 동물들은 한곳에 뿌리내리고 사는 생물이 아니기 때문에 어디로든 이동을 합니다. 로드킬당한 반달가슴곰 사체가 발견되었다는 뉴스가 잊을 만하면 한 번씩 나오는 이유예요. 복원하겠다는 계획보다 더 선행되어야 하는 것은 복원된 종이 살아갈 환경 아닐까요?

여우가 숲에 살면 숲에 가는 일이 조금은 두려워질 것 같긴 해요. 어쩌면 사람들이 위험에 처할 수도 있을 거예요. 여우와는 인간의 언어가 통하지 않으니 '나는 너를 해칠 의사가 없다'는 걸 어떻게 알릴 수 있겠어요? 그런데 이런 생각을 해 본 적 있나요? 숲의 주인은 누굴까요? 숲은 누구의 집일까요? 우리가 숲을 찾는 이유는 숲에 들어가면 기분이 좋아지고 마음이 평온해지며 긴장이 풀리는 등 그 모든 이유가 우리에게 이롭기 때문이에요. 인간의 이로움에 기준을 둔다면 여우가 사는 숲은 두렵고 위협적일 수밖에 없어요.

고라니와 멧돼지가 유해조수가 되어서 사냥을 해야 할 만큼 지금 우리나라 생태계는 균형을 잃어 가고 있어요. 상위 포식자가 없기 때문이에요. 여우뿐만 아니라 늑대든 호랑이든 상위 포식자가 사라진 숲에 인간이 계속 개입하면서 균형을 잡으려고 하지만 불가능한 일입니다. 만약 우리가 깊은 숲에 들어가지 않는다면 어떻게 될까요? 숲에 사는 동물과 우리 인간의 생태적

지위를 서로 인정해 준다면 위험은 줄어들 것 같아요. 우리의 활동 영역과 동물들의 활동 영역을 엄격히 구분하고 두 영역 사이에 완충지대를 마련한다면 서로에게 이롭지 않을까요? 만약 우리가 동물들의 생태적 지위를 침해하지 않는데도 동물들이 우리에게 해가 될까요?

더 알아보기

우리나라 토종도 해외에 나가면 외래종

우리나라 토종도 해외에 나가서 교란종이 되기도 합니다. 2019년 호주국립대 연구진이 국제학술지인 〈사이언스〉에 발표한 논문에 따르면 20세기 초부터 애완용으로 유럽 등에 수출된 무당개구리가 항아리곰팡이병을 퍼뜨려 전 세계 양서류 가운데 적어도 501종의 개체 수가 감소했고, 이 가운데 124종은 개체 수가 90% 이상 감소하는 피해를 입었다고 해요. 우리나라에서 무당개구리는 흔한 개구리일 뿐만 아니라 다른 양서류에 이런 해를 끼치지 않아요. 생물종의 국가 간 이동이 얼마나 신중히 이뤄져야 하는지 보여 주는 사례라 하겠습니다.

한국고라니와 로드킬

"산에 사는 고라니가 수영을 한다고?"

고라니를 만나 본 적 있나요? 고라니는 순우리말입니다. 고라니를 중국에서는 어금니노루라는 의미로 아장(牙獐)이라고 부르고 영어권 국가에서는 물사슴(Water Deer)이라고 부릅니다. 고라니는 우리나라와 중국에만 서식하는 토착종인데 영어 이름이 있는 건 중국 양쯔강 강변에서 노닐고 있는 고라니를 처음 발견한 외국인이 이름을 붙였기 때문이지요. 현재 고라니는 한국과 중국 외에 영국과 프랑스에 일부 살고 있습니다. 19세기 말부터 전시와 사육을 목적으로 중국고라니를 프랑스와 영국으로 이주시켰거든요.

한국고라니는 오직 우리나라에만 살고 있어요. 고라니는 물을 좋아하고 헤엄도 잘 쳐요. 2011년에 속초에서 약 300m 떨어진 무인도인 조도에 고라니 한 마리가 살고 있다는 사실이 알려져 고라니를 구조하게 되었어요. 구조 과정에 고라니가 바다로 헤엄쳐 도망갔고 이후에 전문가들이 다시 장비를 갖춰 무사히 포획해 육지로 옮겨 주었어요. 물사슴이라는 이름에 걸맞게 고라니가 수영을 잘한다는 걸 구조하던 그 누구도 상상 못 했던 것 같아요. 서해안 고속도로 휴게소가 있는 행담도에도 고라니가 살고 있다는 게 확인되었어요. 도로를 따라 들어가기엔 어려운 곳이라 아마 가까운 육지에서 헤엄쳐 들어간 것으로 추정하고 있어요. 한강 하구에 있는 장항습지처럼 고립된 습지에서도 고라니가 강을 건너는 걸 보았다는 사람들이 가끔 있고요. 수영을 잘한다는 장점은 단점이 되기도 해요. 어망에 걸려 죽은 고라니가 발견되기도 하니까요. 고라니는 물이 있는 지역을 선호하지만 습지가 아닌 환경에서도 잘 살아갑니다. 외국에서는 고라니를 뱀파이어 사슴(Vampire Deer)이라고 부르기도 해요. 이유는 입술 밖으로 길게 뻗어 나온 송곳니 때문이지요.

우리나라에서는 유해조수인 고라니가 세계적인 멸종 위기종이라고?

사슴과에는 세 종류의 아과가 있는데 고라니아과, 노루아과 그리고 사슴아과입니다. 사슴과는 신생대 제3기 중신세 초기에 아시아에서 처음 발견되어 사막에서 북극까지 광범위한 지역으로

더 알아보기

고라니는 왜 멋진 뿔이 아닌 송곳니를 가졌을까?

왜 뿔이 아닌 송곳니를 가졌을까에 관한 가설이 크게 두 가지 있어요. 하나는 고라니가 처음부터 송곳니를 장착하고 있었다는 가설이고요. 또 하나는 고라니가 송곳니와 뿔을 함께 지니고 있다가 진화 과정에서 뿔이 사라졌다는 가설입니다. 고라니가 선호하는 지역은 풀이 무성한 덤불이나 나무가 우거진 숲이 만나는 경계 지역인데 뿔은 거추장스러울 수도 있어서 사라진 걸까요? 엘크처럼 커다란 뿔이 보기엔 멋진데 말이에요. 고라니는 싸움을 즐기는 동물이 아니지만 필요한 상황에서는 싸움을 피하지 않아요. 싸울 때 송곳니는 무기가 됩니다. 싸우다가 송곳니가 부러지거나 빠지는 경우도 있다고 해요. 고라니의 송곳니는 자신의 영역을 표시하는 데도 쓰여요. 지면에서 약 50cm 높이에 있는 가느다란 나무줄기를 송곳니로 긁어서 껍질을 벗겨 영역을 표시합니다.

퍼져 나갔어요. 한 연구에 따르면 사슴류의 공통 조상은 아프리카에 살다가 인도를 거쳐 중국에서 한반도로 넘어왔어요. 한반도와 중국 일부 지역에서 사슴류가 진화 과정을 거쳐 고라니가 생겨났을 것으로 보고 있고요. 신생대에 전반적으로 포유류가 번성해서 전 지구로 퍼져 나갔는데 빙하기가 닥치면서 많은 종이 위험에 처하게 됩니다. 그런데 신생대 홍적세에 있었던 빙하기의 영향이 아시아는 상대적으로 덜 심했다고 해요. 그 당시 한반도와 중국 남부 지역은 다른 지역에 비해 따뜻해서 많은 동물의 피난처가 되었어요. 빙하기에 서해는 육지였기에 중국과 한반도는 연결되어 있었지요.

현재 두 지역에 분포해 서식하는 고라니는 중국 동부 지역에 분포하는 중국고라니와 한반도 전역에 살고 있는 한국고라니 이렇게 두 개의 아종인데요. 중국고라니는 한국고라니에 비해 상대적으로 적어 세계적인 멸종 위기종입니다. 중국의 일부 제한된 지역에 1만여 마리가 살고 있는데 적은 개체 수로 보호를 받고 있어요. 반면 우리나라는 제주도와 울릉도 등 몇 개 섬을 제외한 전 지역에 고라니가 살고 있지만 개체 수 파악조차 쉽지 않아요. 다만 중국보다는 많이 살고 있을 것으로 추정해요. 2011년 정부는 평지, 산악, 도시 지역을 대상으로 고라니 밀도 연구를 진행했는데요. 조사에 따르면 고라니의 서식 밀도는 1km²당 7.3마리로, 과거 1982년 고라니 서식 밀도인 1km²당 1.8마리와 비교해 개체 수가 지속적으로 증가하고 있는 것으로 나타났어요.

고라니 수가 계속 늘어나면서 농작물이 피해를 입는 일이 많아졌어요. 급기야 고라니는 유해조수로 취급받기에 이르렀지요. 도대체 왜 고라니 수가 늘까요? 고라니의 천적인 중, 대형 포식동물이 사라졌기 때문입니다. 그런데 고라니가 선호하는 습지와 하천 주변 서식지가 계속 줄어들고 있는 데다 로드킬 문제까지 불거지면서 고라니 개체군이 증가할 것이라는 전망이 어두워지고 있어요. 또 지구 기온 상승으로 고라니의 먹이가 되는 식물이 고위도로 이동하면서 고라니 역시 고위도로 이동할 필요가 생겼는데, DMZ로 가로막힌 한반도에서 이동은 가능할까요? 고라니는 가뜩이나 유전적 다양성도 낮은 편인데 당장 피해가 발생한다고 유해조수로 낙인찍어 합법적으로 사냥하는 일을 어떻게 봐야 할까요?

고라니는 왜 갑자기 도로로 뛰어들까?

전동 킥보드를 킥라니라 부르기도 하는데, 갑자기 튀어나와 운전자를 놀라게 하는 게 고라니와 닮았다고 붙여진 멸칭입니다. 고라니는 우리나라에서 로드킬로 사망하는 1위 동물입니다(사실 몸집이 작은 동물의 사체는 도로에서 자연 소실되는 경우가 많아서 통계에 잡히지 않을 때가 많습니다. 그러니 얼마나 많은 생명들이 도로 위에서 죽었는지 정확히 알 길이 없지요).

한국도로공사와 국립생태원이 조사한 바에 따르면 일 년 중 야생동물의 활동량이 증가하는 5~6월에 로드킬이 가장 많이 발생합니다. 2019년 기준으로 일반 국도에서 발생한 총 1만 7,502건 로드킬 가운데 30%가 5월과 6월에 일어났으니까요. 고라니 새끼는 태어난 지 1년이 되면 독립을 하는데 그게 대략

고라니. ⓒ최원형.

5~6월쯤이라고 해요. 또 이맘때는 텃밭에 파종한 씨앗이 고라니가 좋아할 정도로 자랐을 시기이고요. 고라니는 산과 평지가 인접해 있는 곳을 좋아해서 새끼들과 함께 먹이 활동을 하며 이동해요. 새끼들은 독립하느라 활발히 활동하다가 로드킬을 많이 당합니다. 운전자의 입장에서 보면 갑자기 튀어나온 게 맞아요. 그런데 고라니 입장에서 한번 생각해 보면 어떨까요? 이곳은 빙하기 이래로 쭉 고라니가 살던 터전입니다. 살던 곳이 어느 날 막히면서 도로가 생겨요. 먹이를 찾아 이동하다가 들어선 곳에서 달리던 차와 그대로 충돌해 버린 거예요. 도로 건설이 불가피하다면 생태 통로를 마련해야 합니다. 그리고 생태 통로로 동물들을 유인할 수 있도록 유도 울타리가 함께 설치되어야 합니다. 고라니가 뛰어넘지 못할 높이로 울타리만 쳐도 안타까운 생명을

살릴 수 있어요. 갑자기 뛰어든 고라니로 인해 아찔한 운전자의 안전도 함께 지킬 수 있고요.

우리가 만든 밭으로 들어와 농사를 망쳐서, 우리가 건설한 도로로 뛰어들어서 유해조수라 여기는 건 너무나 인간 중심적인 생각 아닌가요? 지구에 살아가는 모든 생명은 상호의존적인 관계망 속에 놓여 있어요. 생명의 그물망을 구성하는 종이 하나씩 사라지는 건 눈에 띄지 않지만 우리가 알아차릴 때면 이미 너무 늦었다는 걸 기억해야 합니다.

고라니와 노루, 헷갈려요!

고라니와 노루는 비슷하게 생겨서 둘을 혼동하는 경우가 많은데 수컷은 구분이 쉬워요. 수컷 노루는 머리에 뿔이 있고 수컷 고라니는 위 송곳니가 입 밖으로 길게 나와 있거든요. 암컷의 경우 엉덩이에 흰 털이 있다면 노루, 없으면 고라니입니다. 그런데 여름철에는 노루의 흰 털도 색이 진해져서 눈에 잘 띄질 않아요. 고라니는 노루보다 몸집이 작고 콧등에 흰 띠가 있으며 귀가 얼굴에 비해 크고 둥글어요. 고라니는 5~10cm 정도 작은 꼬리가 있는데 노루는 눈으로 알아보기 힘들 정도로 아주 짧은 꼬리가 있죠. 노루와 고라니의 새끼는 모두 몸에 흰 반점이 있어서 구분이 쉽지 않아요.

울타리 소송

2010년 10월 서울고등법원은 고속도로에서 로드킬을 피하려다 발생한 교통사고에 대해 한국도로공사에 책임이 없다고 판결했어요. 그 근거로 "어떤 도로라도 (…) 완벽한 울타리를 기대하는 것은 경제적, 물리적 제약 때문에 현실적이지 않다. 통상의 안전성을 결여했던 것으로 볼 수 없다"고 말했죠.

그런데 야행성인 고라니가 한밤중에 갑자기 도로로 뛰어드는 걸 운전자가 과연 침착하게 피할 확률이 얼마나 될까요? 운전자가 아무리 조심한다 해도 느닷없이 뛰어드는 고라니를 피하기란 거의 불가능에 가깝지만, 사실 로드킬을 예방할 완벽한 방법이 있어요. 바로 유도 울타리 설치예요. 일반도로는 진출입로가 많아 도로를 폐쇄하지 않고는 어렵지만 적어도 고속도로의 경우는 나들목이 일반도로와 달리 입체 교차로 시스템이어서 울타리 설치가 가능합니다. 다만 예산이 든다는 문제가 있지요. 2005년에 1km당 고라니 로드킬은 0.62건(1,779건/2,848km) 발생했고 2014년에는 0.48건(1,824건/3,827km) 발생했어요. 발생 건수는 늘었지만 고속도로 길이가 증가한 비율에 따지면 오히려 로드킬 발생은 줄어든 셈입니다. 2004년 겨우 35km였던 유도 울타리가 2015년이 되면서 1,625km로 늘었거든요. 2004년 이후 건설된 신규 고속도로에는 로드킬 방지를 위한 유도 울타리 설치가 기본적으로 포함되었어요. 문제는 기존에 있던 고속도로입니다. 울타리 설치 단가가 1km당 약 4,000만 원(2012년 기준)입니다. 기존에 놓인 고속도로 구간 중 로드킬이 빈번한 600km에만 유도 울타리를 설치한다고 했을 때 240억 원의 돈이 필요해요. 참고로 이 돈은 고속도로 1km를 건설하는 비용에도 못 미치는 금액입니다. 고속도로의 로드킬은 동물뿐 아니라 운전자의 안전까지 위협해요. 얼마나 더 많은 울타리 소송이 있어야 이 돈이 확보될까요? 여러분의 목소리가 필요합니다.

7월

이끼, 최초의 육상식물

"우주에서도 끄떡없는 식물이 있다고?"

비가 한차례 쏟아지고 난 뒤 숲에 가면 선명한 초록색 이끼를 만날 수 있어요. 이끼는 비가 내리지 않을 때는 마치 죽은 듯 말라 있지만 비를 맞으면 금세 살아나는 모습이 정말 매력적이에요. 이끼는 빛이 잘 들지 않고 습한 곳이면 어디에든 있어요. 보도블록 사이에도 있고요. 담벼락 아래에도 있어요. 너무 흔해서 사실 이끼가 있다고 반가워하거나 놀라는 사람은 별로 없는 것 같아요. 이끼는 알면 알수록 생태계에서 무척 중요한 역할을 하는데 그에 비해 과소평가되었다는 생각이 들어요. 우리가 지구에서 살 수 있었던 건 이끼를 비롯한 식물 덕분입니다. 식물이 빛과 대기 중의 이산화탄소와 물로 양분과 산소를 생산할 수 있어서 우리를 비롯한 수많은 생물이 땅 위에서 살아갈 수 있는 거니까요.

광합성을 통해 원시 지구에 산소를 공급한 최초의 생물은

남세균이었어요. 엽록소를 가지고 광합성을 하는 이 단세포생물이 바닷속에 살면서 홍조류, 갈조류, 녹조류로 진화했고, 이들이 대기 중에 산소를 많이 공급하면서 태양에서 내리쬐던 자외선을 차단할 수 있는 오존층이 만들어졌어요. 육지는 이전까지는 자외선으로 인해 어떤 생물도 살 수 없는 환경이었지만, 자외선 차단이 가능해지자 동식물이 뭍으로 올라올 수 있게 되었어요. 뭍으로 올라오게 된 배경에는 바닷속에 생물량이 증가하면서 서식지 경쟁이 심해진 이유도 있었을 것으로 유추하고 있어요. 캄브리아기로 알려진 5억 4,200만 년 전에 갑자기 생물종이 대폭발하듯 엄청나게 출현했거든요.

대기 중의 오존량이 현재와 비슷해질 무렵 녹조류에서 진화한 이끼가 식물로는 최초로 뭍으로 올라옵니다. 고생대 오르도비스기(약 4억 8,800만 년 전~4억 4,370만 년 전)에서 실루리아기(약 4억 4,370만 년 전~4억 1,900만 년 전)에 이르는 시기로 추정되는데요. 실루리아기가 끝날 무렵 양치식물의 일종으로 여겨지는 쿡소니아가 육지에 등장해요. 이끼는 관다발이 없는 선태류인데 쿡소니아는 관다발을 가진 최초의 식물로 알려져 있어요. 이제 식물이 육지에 뿌리를 내리고 진화해 가면서 동식물이 지구상에 등장할 기반을 닦기 시작합니다.

척박한 환경인 육지에 가장 처음 올라와 다른 생명이 살 수 있는 기반을 닦은 개척식물인 이끼는 여전히 강인한 생명력을 지니고 있어요. 화산으로 만들어진 아이슬란드는 활화산만 30여 개나 될 정도로 화산이 많고 자주 폭발해요. 화산 폭발로 뜨거운 용암이 지나간 자리에 가장 먼저 자리 잡는 게 이끼입니다. 미국 세인트헬렌스산이 1980년에 폭발했을 때도 이끼가 가장 먼저 자리 잡고 살기 시작했어요. 2005년에는 포톤 인공위성이 유럽항공우주국의 바이오팬 시설에서 이끼를 가지고 외계생명체 실험을 했습니다. 14.6일 동안 다양한 온도와 자외선, 우주방사선 등에 이끼를 노출시킨 뒤 결과를 봤더니 생존율은 물론이고 광합성 능력도 그대로였다고 해요.

나무 밑동에 초록 이끼가 낀 모습을 보면 나무가 초록 장화를 신은 것 같아요. 숲에 쓰러진 나무에도 바위에도 이끼가 뒤덮여 있는 모습이 포근하게 느껴지는데 우주에서도 끄떡없다니 이끼는 강인하면서 동시에 부드러움까지 다 갖춘 식물인 것 같아요.

산불로 척박해진 숲을 이끼가 복원시킨다고?

지구 기온이 상승하면서 세계 곳곳에서 산불이 발생하고 있어요. 대규모 산불일수록 고온 건조한 환경이 원인입니다. 바싹 건조한 상태에서 강풍이 불면 나무들끼리 마찰열로 발화하고 산불로 이어지니까요. 나무가 다 불타 버린 곳은 가뜩이나 고온 건조한데 햇빛까지 강렬하게 내리쬐면 그런 환경에 풀씨가 날아온들 제대로 뿌리를 내릴 수 있을까요? 나무가 사라진 공간에 비가 내리면 산사태의 위험이 생기고, 비가 내리지 않아도 잿더미로 인해 초미세먼지 발생 같은 2차 재난이 생겨요. 이렇게 척박한 생태계를 복원하는 작업에 이끼가 활용되면 어떨까요? 이끼는 개척식물로 척박한 곳에서도 잘 자라잖아요. 이끼는 물 저장 능력이 나무보다 적어도 5배 이상 높아요. 관다발이나 뿌리가 없어서 흙 속의 수분을 이용하는 대신 대기 중의 수분을 온몸으로 흡수해서 이용해요. 낱낱의 잎이 뿌리이면서 가지인 셈입니다. 게다가 오염 물질을 정화하는 능력도 무척 뛰어납니다. 이끼가 덮고 있는 토양에 풀씨가 날아오면 싹틀 확률이 올라가겠지요. 이끼는 미소곤충이나 동물들의 먹이가 되기도 하고 둥지가 되어 주기도 해요. 이끼가 정착해서 사는 땅이라면 비가 와도 산사태 위험이 줄어들지요. 이렇게 되면 숲이 다시 복원되기까지 걸리는 시간을 단축할 수 있어요.

영국에는 석탄 채굴이 끝나고 폐광된 곳에 이끼를 이식해서 땅을 회복한 사례가 있어요. 이끼의 개척정신을 십분 활용한 사례인 거지요. 그런데 산불이 난 곳은 그늘이 없어 강한 빛을 그대로 받아야 하는 지역이잖아요. 그런 곳에서도 이끼가 제대로 살 수 있을지 의구심이 들 수 있어요.

전 세계에는 2만여 종의 이끼가 있어요. 이끼는 습기가 있는 곳이라면 남극에서 적도 지역까지 어디든 자랍니다. 심지어 우주에서도 견뎠잖아요? 그렇다면 빛이 내리쬐는 곳이어도 수분만 보충할 수 있다면 이끼가 자랄 수 있지 않을까요? 실제로 이끼를 이용해 산불 지역을 복구하려는 아이디어로 기술을 개발한 벤처기업이 있어요. 이끼 포자를 인공적으로 배양해서 영양액이랑 식물 호르몬액을 혼합해 공중에서 살포하는 방식인데 쉽게 말하면 이끼 포자를 공중에서 뿌리는 거지요. 황폐한 땅이니 이끼가 정착할 때까지 필요한 양분을 이끼와 함께 챙겨서 넓은 지역에 항공 방제하듯 뿌려 놓으면, 워낙 강인한 이끼가 자리를 잡고 토양을 기름지게 하면서 새롭게 숲을 형성할 기초공사를 한

 **더 알아보기**

바싹 말라 죽은 것 같던 이끼가 어떻게 다시 살아날 수 있을까?

6개월 동안 마른 상태로 지내는 이끼도 있을 정도로 이끼는 가뭄에 강한 식물입니다. 이끼가 바싹 말라 부서질 정도의 극한 건조함을 견디는 데는 나름의 비결이 있어요. 바로 세포에 당을 채워 결정상태가 되는 거예요. 비록 딱딱해졌지만 세포의 기능은 고스란히 보존되도록 하는 겁니다. 이렇게 결정상태의 세포로 있다가 수분을 얻을 수 있는 상태가 되면 이제 결정상태가 풀리고 다시 싱싱해집니다. 이끼는 물과 양분을 공기 중에서 얻기 때문에 한 점 바람에 포함된 수분도 놓치지 않아요. 그러니 오래도록 살아남았겠지요? 우리 주변에서 가장 흔하게 볼 수 있는 이끼로는 솔이끼와 우산이끼, 깃털이끼, 풍경이끼, 구슬이끼 등이 있으니 궁금하면 찾아보세요!

다는 아이디어입니다. 이런 방식이 성공할 수 있을지는 지켜봐야겠지만 앞으로 산불 발생은 점점 빈번해질 테니 이렇게 기후위기에 적응하는 기술 개발에도 관심이 커지면 좋겠습니다.

탄소 배출을 줄이는 데 도움을 주는 이끼도 있다고?

흔히 숲을 녹색 댐이라고 해요. 빗물을 저장했다가 지하수로 흘러들게 해서 홍수도 조절해 주고 가뭄도 극복할 수 있게 도와줘 마치 댐과 같은 역할을 하기 때문입니다. 사실 숲이라고 하면 나무만 떠올리고 이끼는 늘 숲의 조연처럼 여기는 경우가 많은데, 이끼가 물을 저장하는 능력은 나무와 비교할 수 없어요. 평균적으로 자기 몸무게의 5배 정도를 저장할 수 있거든요. 바싹 마른 이끼에 스프레이로 물을 뿌리면 말랐던 잎이 펴지면서 생기가 도는 걸 볼 수 있는데 바로 물을 흡수했기 때문이에요. 이끼 가운데 이탄이끼는 자기 몸무게의 25배나 되는 물을 몸에 가둘 수 있다고 해요. 그러니까 숲이 녹색 댐이 될 수 있는 데에는 이끼의 역할이 상당한 거지요.

유럽에서 시작해서 최근에는 우리나라 거리에서도 보이기 시작한 공기청정기가 있어요. 우리가 아는 그런 기계가 아니라 이끼로 만든 '이끼 벽'입니다. 관속식물보다 대기 중에 있는 오염 물질을 더 잘 흡수하는 이끼의 뛰어난 정화능력을 활용해서 도시 곳곳에 이끼 벽을 설치하는 거예요. 초미세먼지로 대기 질이 나쁠 때 이끼가 오염 물질을 빨아들이고 신선한 공기를 준다는 발상입니다. 당장에 오염 물질을 정화해 주니 좋은 일이라는 생각도 들지만, 사람들이 이렇게 이끼로 공기청정기 만들 생각은 하면서 왜 오염원을 줄이겠다는 생각은 하지 않는지 답답하기도 해요.

이탄이끼는 탄소 저장 능력도 뛰어나요. 물이끼인 이탄이끼가 서식하는 이탄습지에는 오래도록 썩지 않은 식물 사체가 땅속 수 미터에서 수십 미터에 이르는 깊이로 쌓여 있어요. 많은 탄소가 유기물 형태로 저장돼 있는 셈이지요. 이탄습지는 북유럽, 시베리아, 캐나다와 미국 중북부에도 있지만 전 세계 이탄지대의 40%가 동남아시아에 있어요.

최근 지구 가열화로 습지가 마르고 이로 인해 산불이 발생하며, 이때 배출되는 탄소가 다시 심각한 기후 문제를 일으키는 악순환이 반복되고 있어요. 인도네시아 이탄지대의 산불은 2015년, 2019년, 2023년으로 이어지면서 탄소 저장고를 탄소 배출원으로 바꾸고 있어요. 산불의 원인으로는 자연발생도 있지만 팜유 농장 등 개발을 위한 방화도 있다고 알려져 있어요. 영국의 환경보호단체 내셔널트러스트는 2021년 산불이 발생한 지역에 이탄습지를 조성했어요. 이탄이끼는 이탄습지에서 거대한 스펀지처럼 작용하기 때문에 홍수도 방지하고 탄소를 포집하는 데 도움을 줄 겁니다. 습지가 있으면 그 안에 품고 있는 물로 땅을 충분히 적시기 때문에 화재 위험은 내려갈 수밖에 없어요. 이탄습지를 잘 보전하는 일이 탄소 배출을 줄이는 방법입니다.

그렇다면 이탄습지를 만들 수 없는 도시에서 이끼를 활용해 탄소를 줄이는 방법은 없을까요? 노원도시농업네트워크는 옥상에서 이끼를 키우고 있어요. 일명 이끼 정원입니다. 흙이 없는 바위나 담벼락에서도 잘 자라는 이끼의 특성을 활용해서 옥상에 이끼를 심어 탄소 흡수율을 높이자는 취지입니다. 그동안 빌

딩도 많고 에너지 소비량도 많은 도시 특성상 건물 옥상에 텃밭이나 정원을 조성해 탄소를 줄이려는 시도가 자주 있었어요. 다만 옥상 텃밭에 흙을 두면 건물 하중에 무리가 간다거나 물이 새는 등의 여러 어려움이 있었죠. 이끼는 이러한 단점을 해결해 줍니다. 옥상 이끼 정원은 뜨거운 여름이나 추운 겨울에 건물의 에너지 손실을 줄이고 탄소 배출을 저감시키는 일석이조의 효과가 있습니다. 참고로 이끼는 $1m^2$의 면적으로 연간 약 10톤의 이산화탄소를 흡수하는 걸로 알려져 있어요.

이끼가 제1차 세계 대전 때 다친 군인을 치료하는 데 쓰였다고?

새들이 이끼를 물고 가면 짓고 있던 둥지가 완성 단계라는 걸 알 수 있어요. 둥지를 다 만들고 맨 마지막에 이끼를 깔거든요. 이끼는 폭신하니까 이끼를 깔고 그 위에 알을 낳고 새끼를 기르려는 거지요. 그렇다면 사람은요? 당연히 사람들도 이끼를 생활에 적용하며 살았지요. 지금처럼 다양한 물건을 공장에서 생산하기 이전에는 모든 걸 자연에서 구했어요. 이끼를 구하기 쉬운 지역에서는 이끼를 벽면 충전재 등 건축 재료로 활용했고 베개나 매트리스 속을 채우는 충전재로도 활용했지요. 이끼는 통나무든 고목이든 바위든 돌담이든 뒤덮고 있고 세계 전역에 분포하고 있으니까 가장 구하기 쉬운 재료잖아요. 알래스카에서는 아기 기저귀로 이끼를 활용했다고 해요. 기저귀는 흡수력이 제일 중요한데 이끼의 흡수력을 그곳 사람들은 이미 알고 있던 거지요. 오늘날 우리가 쓰는 종이 기저귀가 쓰레기 문제를 야기하고 있는데 예전 사람들처럼 다시 이끼를 활용한 제품을 쓸 수 있다면 좋겠다는 생각이 듭니다. 이끼는 흡수력이 뛰어난 성질 덕분에 상처를 감싸는 붕대를 만드는 데도 이용되었고 제1차 세계 대전 때는 이탄이끼를 지혈용 외과 치료 도구로 쓰기도 했어요. 중국에서는 이끼를 식물성 기름과 섞어서 습진이나 베인 상처, 화상 등을 치료하는 데 썼다고 해요. 도대체 이끼 쓰임새는 어디까지일까요?

이렇게 강인한 이끼도 멸종 위기에 처할 수 있을까?

우주에서도 멀쩡했고 용암이 지나간 자리에는 가장 먼저 들어와 자리를 차지하는 이끼도 멸종 위기에 처할 때가 있지요. 4억 년을 살아온 히말라야 티베트고원의 타카키아이끼가 현재 지구 가열화로 살아남지 못할 것이라는 연구 결과가 나왔어요. 독일 프라이부르크대학교 랄프 레스키 교수와 중국 베이징 수도사범대

허이쿤 교수팀이 과학 저널 〈셀(Cell)〉에 발표한 논문에는 타카키아이끼의 DNA 분석 결과가 실려 있는데요. 타카키아이끼는 유전적으로 매우 빠른 진화적 특성을 가져서 지금까지 여러 지질학적인 변동에도 잘 적응해 살아남았다고 해요. 그러나 지금 같은 지구 가열화와 서식지 감소는 속도가 너무 빨라서 타카키아이끼가 따라잡을 수 없다고 합니다. 그래서 앞으로 100년 이상 살아남기는 어려울 거라고 과학자들은 예측하고 있어요. 이미 티베트고원의 타카키아이끼 개체 수는 해마다 1.6%씩 감소하고 있어요. 연구팀은 타카키아이끼의 멸종을 막기 위해 실험실에서 이 이끼를 증식해서 티베트고원에 이식하려는 시도를 하고 있어요. 그렇지만 서식지의 변화가 이토록 빠르게 일어난다면 과연 가능할까 싶기도 합니다. 강인한 이끼조차 기후가 빠른 속도로 변하는 상황에서는 4억 년을 쌓아 온 시간이 무색해지네요. 지구가 얼마나 심각한 기후 위기 상황인지 가늠이 되나요? 이끼는 흙의 시작입니다. 이끼가 살 수 있어야 흙에 기댄 모든 생명이 살 수 있다는 걸 기억해야겠지요.

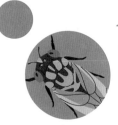

매미, 땅속에서 땅 위로

"매미는 왜 3년, 5년, 7년, 13년, 17년을 주기로
땅 위로 올라올까?"

매미는 땅속에서 오랜 시간 지내다가 땅 위로 올라와서는 길어야 2주 정도 살고 죽어요. 오랜 시간이라고 표현하는 이유는 땅 위에서 사는 시간과 비교했을 때 길기 때문이지요. 그런데 왜 하필 3년, 5년, 7년 이런 식으로 소수(1과 자기만으로 나누어떨어지는 1보다 큰 자연수)의 주기를 가지는 걸까요? 늦털매미는 5년, 유지매미나 참매미는 7년 이렇게 매미의 종류에 따라 땅속에서 지내는 기간은 다르지만, 같은 종의 매미끼리는 예외 없이 그 시간을 채워 밖으로 나온다고 해요. 매미를 관찰해 온 과학자들은 매미의 이런 생활사가 궁금했을 테고 여러 가지를 연구한 끝에 두 가지 가설을 세웠어요. 하나는 천적을 피하려는 전략이라는 거예요. 매미가 땅 위로 올라오는 이유에 주목한 거지요. 오랜 시간을 땅속에 머물다가 땅 위로 올라오는 까닭은 짝짓기를 하고 후손을 남기기 위해서인데 올라오자마자 천적

에게 먹히면 얼마나 안타깝겠어요? 대부분 곤충과 마찬가지로 매미의 가장 큰 천적은 새입니다. 새가 몸통만 먹고 버린 매미의 날개를 여름에 자주 보는데요. 새뿐만 아니라 사마귀, 말벌, 거미, 다람쥐, 물고기, 밤에는 고양이와 족제비까지 매미의 천적은 무척 많아요. 즉 천적의 주기와 가능하면 겹치지 않으려는 전략으로 매미가 소수 주기로 땅 위로 올라오고 있다고 추정히고 있어요. 가령 5년 주기인 매미의 경우 2년 주기인 천적과 겹칠 확률은 10년마다 한 번씩이에요. 13년일 경우 26년이 되지요. 처음부터 주기가 길었던 건 아니고 점점 길어져 현재 17년까지 길어지게 되었을 걸로 보고 있어요.

또 하나의 가설은 동종 간 경쟁을 피하려고 소수 주기로 진화했다는 거예요. 매미들이 비슷하게 출현하면 먹이 경쟁이 심화될 거라 여겨 서로를 피해 땅 위로 올라오는 전략을 택했다는 겁니다. 어찌 됐든 결론은 종족 번식으로 귀결되지요?

그렇다면 13년이나 17년처럼 긴 주기로 등장하는 매미는 생태계에 어떤 영향을 줄까요? 미국 중서부 지역에는 17년마다 나타나는 주기매미가 있어요. 우리나라처럼 매미가 매년 여름 찾아오는 게 아니라 17년 만에 한 번 나타나니, 이 지역 사람들은 오랜만에 등장한 수십억 마리 떼의 매미 소음을 공포영화만큼이나 힘들어한다고 해요. 1990년에는 시카고에 등장한 매미 떼의 울음소리로 유서 깊은 음악제를 취소하는 사태가 벌어지기도 했어요. 우리나라의 말매미 소리는 그에 비하면 애교라고 할 수 있을 것 같아요.

국제학술지 〈사이언스〉의 2023년 10월 20일 자 표지에는 식물 줄기에 매달려 있는 매미 한 마리 사진과 함께 "COPIOUS CICADAS(엄청난 매미들)"이라는 글자가 적혀 있었어요. 짐작하듯이 13년, 17년이라는 긴 세월을 땅속에서 지내다 한꺼번에 땅 위로 쏟아져 나오는 미국의 주기매미가 먹이사슬의 흐름을 바꿔 놓았다는 내용이 커버스토리로 실렸습니다. 연구팀은 이 주기매미들이 출현하기 이전과 이후 그 지역의 숲 생태계를 조사했어요. 매미 수가 증가한 해에는 새들이 먹잇감을 매미로 바꾸기 시작했고 그 바람에 새들의 주식이던 애벌레 수가 급격히 증가했습니다. 숲에 서식하던 80여 종의 새가 매미로 배를 채우는 바람에 애벌레를 먹는 비율이 그 전에 비해 75%나 감소했기 때문이죠. 많아진 애벌레들이 숙주인 참나무를 갉아 먹기 시작했고 참나무잎의 손상도도 2배 증가하는 결과로 이어졌어요. 주기매미는 또다시 주기를 변경할까요? 매미와 새의 천적 관계가 뜻하지 않게 애벌레에게 영향을 끼쳤고 그 결과가 참나무로 미치게 되었어요. 자연 생태란 이렇듯 촘촘하고 긴밀히 연결돼 있어요.

매미 허물 찾기

매미 허물을 찾아보고 허물이 어떤 형태
로 나뭇잎이나 나뭇가지 혹은 나무줄기에
붙어 있는지 관찰해 보세요. 머리 부분은
어느 쪽을 향하고 있는지도 살펴보세요.
허물 근처에 매미가 땅을 뚫고 나온 구멍

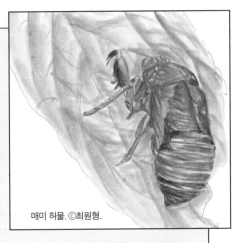

매미 허물. ⓒ최원형.

이 있을 거예요. 그 구멍에서 나와 나무로 기어올랐을 애벌레가 허물을 벗고 우화하는
장면을 상상해 보세요. 처음 시작은 이랬겠지요. 몇 년 전 여름, 매미 암컷은 나뭇가지
에 알을 낳고 죽어요. 알은 그대로 겨울을 지내고 다음 해 여름에 부화하지요. 부화할 때
수분이 필요하기 때문에 주로 비 오는 날 부화한다고 알려져 있어요. 애벌레는 나뭇가지
구멍에서 나와 땅 위로 떨어집니다. 더듬이를 흔들며 걷다가 부드러운 땅을 파고 속으로
들어갑니다. 5년 뒤가 될지, 7년 뒤가 될지 모를 오랜 '땅의 시간'을 지내고, 마침내
땅 위로 올라와 허물을 벗고 매미가 되지요. 허물에는 이야기가 가득 담겨 있어요.

매미 애벌레가 나온 구멍을 관찰해 보세요.

애벌레 크기에 따라 다르겠지만 구멍이 제법 커요. 땅속으로 들어간 유지매미 애벌레
는 흙 속에서 허물을 네 번이나 벗어요. 마지막 허물을 벗기 전에 애벌레는 침이나 배
설물로 흙을 다진 뒤 앞다리를 이용해 땅 위로 솟는 굴을 만들어요. 허물을 살펴보면 흙을
파기에 편리한 앞다리를 볼 수 있어요. 때를 기다렸다가 나갈 때 굴을 만들면 시간이
걸릴 테니 미리 시간을 나누어 사용하는 걸까요?

매미는 도대체 왜 그렇게 시끄러울까?

시끄러운 매미 소리는 사람뿐 아니라 매미를 먹이로 삼는 새들에게도 고통을 안겨 준대요. 이에 관한 연구가 오래전 〈사이언스〉에 실리기도 했어요. 우리가 치한을 퇴치하기 위해 호루라기를 불듯 매미도 천적을 만나면 더 큰 소리로 울면서 자신을 지킨다고 해요. 다만 모든 매미가 소리를 내는 것은 아닙니다. 수컷만 울어요. 우리에게는 그저 시끄럽게 들릴 뿐이지만 매미는 나름 소리로 의사소통을 합니다. 짝짓기하려고 암컷을 유인할 때, 누군가에게 붙잡혔거나 불안을 느낄 때, 일기 변화가 있을 때 내는 소리가 다르다고 해요. 그래서 옛날에 중국에서는 일기 변화를 알아보려고 매미를 기르기도 했습니다.

새도 스트레스를 받을 정도로 시끄러운 소리를 매미 자신은 못 듣는 걸까요? 프랑스의 곤충학자 파브르는 대포를 쏘면서 매미가 소리를 들을 수 있는지 실험을 한 적도 있었어요. 매미는 대포 소리에 미동도 없이 계속 노래를 불렀다고 해요. 그래서 파브르는 매미가 귀머거리라고 결론을 내렸어요. 하지만 매미는 듣지 못하는 게 아니에요. 고막이 있으니까요. 매미는 가슴과 배 사이에 뚜껑처럼 생긴 고실에서 소리를 내요. 고실은 발성기관의 일부예요. 그 안에 얇은 막이 있어서 근육을 수축하면 막이 당겨졌다가 다시 늘어나면서 소리가 납니다. 이렇게 소리를 내는 곳에 소리를 듣게 해 주는 고막도 있어요. 그래서 자기가 소리를 내는 동안에는 들을 수 없지만 자기 소리가 멈췄을 때 다른 소리는 들을 수 있어요. 매미 한 마리가 울기 시작하면서 매미 무리가 떼창을 하는 장면을 종종 만났을 텐데요. 이게 바로 소리를 들을 수 있다는 증거입니다.

매미 소리를 측정했더니 말매미는 81dB, 털매미 79dB, 참매미 78dB, 애매미 70dB이었어요. 시위 현장에서 확성기 소리가 80dB 이상이면 단속 대상인데 말매미는 확실히 단속에 걸리겠어요. 한 마리도 아니고 떼로 이렇게 울어 대니 시끄럽다는 민원이 생길 수밖에요. 그렇다면 도대체 왜 이토록 시끄러울까요? 옛사람들은 매미를 덕을 갖춘 곤충으로 높이 평가했어요. 임금은 한 쌍의 매미 날개를 단 모자(익선관)를 썼고요. 신하들이 쓰는 모자에도 매미 날개를 달았는데 수액만 먹으며 사는 매미를 청렴하고 검소하다고 칭송하며 본받자는 의미였다고 해요. 그런데 왜 우리는 매미를 소음 공해로 인식하게 되었을까요?

매미는 온도와 빛에 민감한 곤충으로 일정 온도 이상 기온이 올랐을 때 울어요. 즉 지구 가열화로 밤이 되어도 기온이 내려가지 않는 우리나라의 여름이 매미를 잠 못 들게 하고, 그 매미 소리로 우리 인간도 잠들지 못하는 악순환이 반복되고 있지요. 밤에도 환히 비추는 도시 조명 역시 매미를 잠 못 들게 하는 원인이에요. 또 가로수로 플라타너스와 벚나무를 많이 심는데,

이 나무들은 말매미가 가장 좋아하는 나무예요. 가장 큰 소리를 내는 말매미 서식처를 사람이 제공한 셈이네요. 콘크리트 건물로 둘러싸인 도시에서는 소리가 반사되어 더욱 매미 소리로 가득해지는 효과도 있답니다.

사투리 쓰는 매미도, 새처럼 아름다운 소리로 우는 매미도 있다고?

매미도 종류에 따라 우는 소리가 달라요. 참매미는 "맴맴 매애엠~", 애매미는 "쓰왁 쓰르르르~", 참깽깽매미는 "지이이이이이~"로. 또 같은 매미여도 육지에 사는 매미와 섬에 사는 매미는 소리가 다르다고 해요. 매미 소리 연구가인 윤기상 박사의 연구에 따르면 육지와 울릉도에 사는 애매미 소리에 차이가 있다고 합니다. 울릉도 애매미 소리가 조금 더 단순하다는데요. 육지에서는 경쟁이 심하니까 짝 찾기에 유리하도록 자기만의 개성적인 소리를 내게 진화했고, 반면 울릉도에서는 육지만큼 경쟁자가 없다 보니 단순하게 소리 내는 쪽으로 진화한 게 아닌가 추정하고 있어요.

말매미 소리는 소리라기보다는 소음 공해라고 하는 게 더 어울리죠. 그런데 새소리라고 해도 믿을 정도로 독특한 소리를 내는 매미가 있어요. 쓰름매미인데요. "쓰~름 쓰~름"하는 소리로 울어서 쓰르라미라고도 해요. 다른 매미들과는 다르게 독특하고 아름다운 소리를 내요. 쓰름매미는 주로 저녁나절에 울어요. "쓰르쓰르 쓰~~~"이렇게 마무리 짓는 소리가 무척이나 시적으로 들립니다.

여름 하면 떠오르는 소리는 참매미 울음소리인데요. 참매미는 "맴맴 맴맴" 소리를 연속적으로 내다가 이제 끝마칠 때 "매~~~임" 하며 마치 온점을 찍는 듯한 음을 내면서 마무리를 짓고는 다른 나무로 날아가지요. 다양한 매미 소리를 꼭 들어 보세요. 현장에서 들을 수 없다면 유튜브로 얼마든 검색해서 들을 수 있어요! 아름다운 매미 소리를 듣고 매미의 한살이를 알고 나면 매미 소리가 마냥 소음으로만 들리지는 않는답니다.

더 알아보기

소리를 거의 들을 수 없는 매미가 있다고?

세모배매미라고 이름도 무척 생소한 매미가 있어요. 대개 여름에 소리가 들리기 시작해서 사람들은 매미가 여름 곤충이라 생각하지만 세모배매미는 5월부터 땅 위로 나옵니다. 그런데 왜 이때는 매미 소리를 들을 수 없는 걸까요? 세모배매미의 울음소리는 13~14kHz의 고음이어서 청력이 예민한 사람이 아니면 듣는 게 쉽지 않아요. 게다가 강원도 일부 고지대에서만 발견되니 더더욱 우리가 들을 기회가 없을 수밖에요.

더 알아보기

매미가 여름 곤충이 아니라고?

가장 많이 볼 수 있는 때가 여름이긴 하지만 앞에서 말했듯 세모배매미는 5월부터 나오기 시작하고 늦털매미는 11월까지 있어요. 그러니 봄부터 늦가을까지 매미 종류는 달라지지만 계속 있는 거지요. 대부분 곤충이 겨울에 자취를 감추듯 매미도 그런 셈이에요. 우리 귀에 익숙하게 들릴 때만 있다고 생각하는 것도 큰 착각입니다.

비가 오면 왜 매미는 안 울까?

갑자기 매미 소리가 들려 창밖을 보면 내리던 비가 그쳐 있을 때가 있어요. 비가 올 때 매미가 울지 않는 건 기온이 낮아졌기 때문이지요. 매미는 적정 체온을 유지해야 울 수 있는 데다 몸이 따뜻해야 큰 소리를 멀리까지 보낼 수 있어요. 매미 종류에 따라 차이는 있겠지만 햇볕이 강하면 매미 체온도 상승하기 때문에 맑고 더운 날 매미가 울 확률이 높아요. 비가 내리고 있어도 기온이 높게 유지될 때는 매미 소리가 들려요. 올여름 한번 실험해 보세요.

한편 비가 많이 내리는 해에는 매미 소리가 더 크게 들려요. 잦은 비로 새들이 먹이 활동을 제때 못 해서 많이 죽기 때문이에요. 천적이 줄어드니 매미 숫자는 평년보다 늘겠지요? 그래서 매미 소리가 더 크게, 많이 들리는 거랍니다.

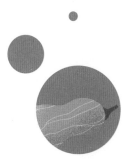

수세미와 덩굴식물
"덩굴식물마다 타고 오르는 방법이 다르다고?"

봄에 창가 화분에 심은 수세미, 나팔꽃, 여주, 제비콩이 줄을 타고 올라가며 잘 자라고 있어요. 모두 덩굴식물입니다. 창에는 뜨거운 햇살이 쏟아져 들어오는데 커튼을 치면 빛은 차단할 수 있어도 답답해요. 대신 창밖에 식물을 드리워서 그늘을 만들면 햇빛도 가리면서 마치 숲속에 있는 듯한 풍경을 누릴 수 있어요. 그늘이 지니 실내 온도가 낮아져 에너지 절약도 됩니다. 이런 생각으로 만들어진 게 녹색(그린) 커튼이에요. 녹색 커튼을 설치하면 실내 온도가 4~5도 낮아지는 효과가 있다고 해요.

녹색 커튼을 만들 곳에는 미리 줄이나 그물을 마련해 둬야 해요. 창가에 늘어뜨린 줄이나 그물을 감고 올라간 덩굴식물은 한여름 무성한 잎을 내며 시원한 그늘을 만들어 주다가 가을이면 시들어 잎이 다 져요. 기온이 내려갈 무렵 녹색 커튼은 사라

담쟁이덩굴. ⓒ국립생태원.

지고 창으로 빛이 쏟아져 들어옵니다.

덩굴식물을 관찰해 보면 식물마다 휘감는 방식이 다르다는 것을 알 수 있어요. 줄기로 다른 식물이나 물체를 감으며 사는 식물, 줄기에서 나온 덩굴손으로 휘감는 식물, 줄기에서 아래쪽을 향해 나온 가시를 다른 식물에 걸치며 뻗어 나가는 식물, 그리고 줄기에서 빨판 역할을 하는 특별한 뿌리가 나와서 휘감는 식물, 이렇게 네 가지로 덩굴을 감는 방식을 구분해요. 줄기로 다른 식물이나 물체를 휘감는 식물에는 나팔꽃이나 강낭콩이 있어요. 7월 아침에 피는 나팔꽃을 살펴보세요. 덩굴손 등의 다른 장치도 없이 오로지 줄기로 감고 올라갑니다. 등나무, 인동덩굴, 으름덩굴, 칡도 줄기로 휘감고 올라갑니다. 포도나 수세미, 호박,

오이, 완두는 줄기에서 나온 덩굴손이 휘감고 있는 걸 볼 수 있어요. 이 덩굴손은 가지나 잎이 변해서 생긴 거예요. 호박은 서너 개, 수세미는 세 개, 청미래덩굴은 두 개의 덩굴손이 나와요. 식물마다 덩굴손 개수에 차이가 있어요. 환삼덩굴 같은 식물에는 가시가 있는데 가시를 다른 식물이나 줄 등에 걸치며 뻗어 나갑니다. 가시 역시 줄기의 일부가 변한 거고요. 담쟁이덩굴은 줄기에서 뻗어 나온 덩굴손 같은 게 빨판(흡반)이 되어 벽이나 다른 물체에 붙어서 기어올라요. 여름에 주홍색 예쁜 꽃을 피우는 능소화도 빨판이 있지요. 이 빨판은 뿌리 역할을 합니다.

식물은 어쩌다 덩굴을 만들게 되었을까요? 덩굴식물은 주로 더운 지방에 많아요. 일 년 내내 따뜻하니 식물도 일 년 내내 무성해요. 그러니 뒤늦게 자라는 식물은 빛을 쬐기가 쉽지 않아 이미 있는 식물을 붙잡고 올라가면서 잎을 펼치는 방식으로 살길을 찾다가 덩굴식물이 된 게 아닌가 추정하고 있어요.

어떻게 가는 줄기에 무거운 호박을 매달고도 안 끊어질까?

호박은 들여다볼수록 신기한 식물이에요. 호박의 덩굴손은 대부분 서너 개이고 암꽃과 수꽃이 한 그루에서 따로 피지요. 호박은 바닥을 기다가도 물체를 만나면 타고 오르며 자라요. 대개 암꽃

수세미

까만 수세미 씨앗을 그대로 심으면 싹이 트기까지 시간이 한참 걸려요. 씨앗을 2~3일 정도 물에 불렸다가 심어야 싹이 잘 납니다. 집에서 키우는 게 부담스럽다면 3월에 실내에서 씨앗을 심어 40일 정도 기른 다음 모종을 밖에 옮겨 심어요. 수세미 줄기가 나오고 덩굴손이 뻗어 가는 과정을 관찰해 보세요. 꽃이 피면 수꽃인지 암꽃인지도 살펴보고요. 암꽃은 꽃받침 있는 곳에 작은 열매가 달려요. 암꽃과 수꽃을 하나씩 따서 세로로 잘라 단면을 관찰해 보세요. 암꽃 속에는 암술만 있고, 수꽃에는 수술과 꽃가루가 들어 있어요. 수세미 줄기를 조금 잘라서 잉크를 떨어뜨린 물속에 꽂아 두세요. 잠시 후 줄기를 가로로 잘라 보면 잉크 색이 있는 곳을 확인할 수 있어요. 물이 지나다니는 통로인 물관이지요. 수세미에 어떤 곤충이 찾아오는지도 관찰해 보세요. 줄점팔랑나비, 개미, 등에, 거미, 열점박이무당벌레 그리고 진딧물도 방문할 거예요. 진딧물이 꼬이니 무당벌레와 풀잠자리 애벌레도 와요. 풀잠자리 애벌레는 뭔가 지저분한 걸 잔뜩 몸에 묻히고 다녀요. 언뜻 보면 살아 있는 곤충이라는 생각이 전혀 들지 않는데 자세히 들여다보면 진딧물을 잡아먹고 있지요. 수세미 씨앗 하나가 이루는 생태계와 볼거리가 엄청나지요?

수세미 열매부터 씨앗까지. ⓒ최원형.

호박덩굴. ⓒ국립생태원.

이 피는 줄기에는 덩굴손이 네 개, 수꽃이 있는 줄기에는 덩굴손이 세 개인데, 암꽃 줄기에 덩굴손이 더 많은 건 장차 열매가 될 암꽃이 힘을 더 지탱하기 위해서가 아닐까 해요. 커다란 호박이 주렁주렁 달려 있는 모습을 보면 저러다 줄기가 끊어지면 어쩌나 걱정이 되더라고요. 그런데 호박의 덩굴손 하나가 500g의 무게를 지탱한다고 해요. 덩굴손은 가는데 어떻게 이게 가능할까요?

가늘지만 힘이 센 이유는 덩굴손의 감는 방식에 있어요. 덩굴손은 뻗어 가면서 나무든 풀이든 전봇대든 주위에 있는 물체를 감는데요. 일단 물체를 잡아 고정시킨 다음에 시계 방향으로 뱅글뱅글 나선형을 만들어 팽팽하게 감습니다. 무려 서너 줄로요. 그런데 한쪽 방향으로만 감으면 뒤틀릴 수 있으니 반대 방향으로도 감아요. 마치 감다가 헷갈려 잘못 감은 게 아닌가 싶지만 그렇지 않아요. 이렇게 감으면서 덩굴손이 팽팽해져 줄기를 고정시켜요. 물체를 잡은 덩굴손의 세포는 목질화됩니다. 단단해진다는 거지요. 한 줄기에 서너 개인 덩굴손이 단단히 감아쥔 덕분에 무거운 호박을 끄떡없이 매달고 있다니 식물이 마치 생각하며 사는 것만 같아요. 호박 줄기를 보면 까슬까슬한 흰 털이 있어요. 벌레를 물리치기 위함일까요, 덩굴이 뻗어 나갈 때 방향을 찾으려는 걸까요? 그 무거운 호박이 주렁주렁 열릴 수 있는 데는 덩굴손의 역할이 지대하다는 생각이 듭니다.

나팔꽃의 꽃은 피려는 꽃봉오리인지 시든 꽃인지 어떻게 구분할까?

여름 아침에 나팔꽃을 만나면 부지런한 사람이 된 것 같아요. 활짝 핀 나팔꽃은 아침에만 볼 수 있으니까요. 그런데 활짝 핀 나팔꽃 옆에 꽃봉오리 모양이 다른 게 눈에 띄어요. 어떤 건 세로로 돌돌 말려 있고 어떤 건 꽃잎이 안쪽으로 말려 있어요. 안쪽으로 말려 있는 것은 활짝 폈다가 시드는 중이고 세로로 말려 있는 것은 곧 꽃이 필 봉오리입니다. 나팔꽃 덩굴이 아래에서 위로 자라니까 꽃봉오리도 아래쪽에 달린 게 먼저 피겠지요? 세로로 말려 있는 꽃봉오리를 살펴보면 방향이 있어요. 줄기는 반시계 방향으로 감고 올라가는데 꽃봉오리는 시계 방향으로 감고 올라가요. 나팔꽃은 오전에 한 번 피고는 시들면 그걸로 끝이랍니다. 대신 덩굴 하나에 꽃봉오리가 정말 많아요. 꽃봉오리가 다 꽃을 피운다면 대략 50~80송이쯤 됩니다.

나팔꽃은 본래 연한 파란색 한 가지였다고 해요. 그런데 개량되면서 흰색, 붉은색, 보라색, 파란색 등 여러 색을 갖게 되었어요. 8월 중순쯤이 되면 꽃은 다 지고 줄기도 잎도 시들기 시작하는데 꽃이 있던 자리에 열매가 맺히는 걸 볼 수 있어요. 아직 익지 않은 열매를 하나 따서 반으로 잘라 보세요. 떡잎이 될 부분, 뿌리가 될 부분이 들어 있어요. 가로로도 잘라 보면 여러 개의 씨방을 관찰할 수 있어요. 열매가 다 익어 갈 즈음 또 잘라 보세요. 가을에 나팔꽃 씨를 받는 것도 잊지 마세요. 한 알 씨앗이 대체 씨앗을 몇 개나 만들었을까요? 햇빛과 물과 이산화탄소로 이런 일이 벌어지다니 식물의 능력은 정말 놀랍습니다.

나팔꽃과 비슷한 모양을 한 꽃으로 메꽃과 고구마꽃이 있어요. 메꽃은 나팔꽃과 꽃이 피는 시간이 달라요. 아침에 피는 나팔꽃과 달리 메꽃은 해가 있는 낮에 핍니다. 잎 모양도 둥근 심장 모양이 나팔꽃이고 메꽃은 작은 세모꼴이에요. 메꽃은 여러해살이풀로 땅속줄기로 번식하기 때문에 열매를 거의 맺지 않지만 나팔꽃은 한해살이풀로 씨앗을 맺지요. 줄기를 감는 방향이나 꽃봉오리 방향은 두 꽃이 같아요. 고구마꽃은 연보라색으로 예쁜데 보기가 쉽지 않아요. 중남미가 원산지로 우리나라와는 기후가 다르기 때문이지요. 그런데 최근 들어 기온 상승으로 고구마꽃이 종종 보여요.

'갈등'이라는 말이 식물에서 유래했다고?

흔히 등나무라 불리는 등은 녹색 커튼이 유행하기 전부터 뜨거운 여름에 그늘을 만들어 준 식물이지요. 덩굴식물 가운데 풀이 아닌 나무로 대표되는 식물이 등과 칡입니다. 두 식물 모두 콩과 식물이에요. 콩과 식물은 구분이 쉬워요. 가을에 맺는 열매 모양이 콩깍지이면 거의 콩과 식물입니다. 등은 5월이면 연보라색 꽃대가 포도송이처럼 늘어지면서 아름다운 꽃이 피는데 무척 향기로워요. 한여름에는 울창한 그늘을 만들어 주고 가을에는 꽃이 진 자리에 커다란 꼬투리 열매가 열려요. 요즘에는 여름이 너무 뜨거워지고 있으니 신호등을 기다리는 동안에도 더위를 피하라며 파라솔을 세우는데 그 자리에 등을 심으면 얼마나 멋질까 싶어요. 나무는 꽃도 피우고 탄소도 흡수하고 미세먼지 저감에도 기여하고 벌과 나비도 불러올 텐데 말이지요.

칡은 7~8월에 붉은 보랏빛 꽃이 피는데 꽃향기가 얼마나 달큰한지 멀리서도 칡이 있다는 걸 알아차릴 정도입니다. 가을에 길쭉하고 납작한 꼬투리 열매가 열려요. 칡은 긴 잎자루 끝에 잎이 세 장 붙어 있는데 이 잎 모양이 재미있어요. 가운데 있는 잎은 좌우 대칭이고 양쪽에 달린 잎은 좌우 비대칭이에요. 이렇게 생긴 까닭은 햇빛을 잘 받게 하고 잎이 햇빛을 따라 원활히 움직이도록 배려했기 때문이라고 해요. 실제로 칡잎을 관찰해 보면 햇빛을 따라 잎이 움직이는 걸 볼 수 있어요. 가운데 잎이 마치 대장처럼 방향을 정하면 양쪽에 있는 두 잎이 따라 움직이는 게 신기해요. 이럴 때 보면 식물이 수학과 물리를 잘 알고 있다는 생각마저 듭니다. 어떻게 이런 잎을 설계할 수 있느냔 말이지요.

칡과 등 두 식물이 결정적으로 다른 점은 줄기를 감고 올라가는 방향입니다. 등덩굴 줄기는 시계 방향으로 올라가는데 칡덩굴 줄기는 시계 반대 방향으로 올라가요. 칡과 등은 서로 방향이 반대여서 두 식물이 같은 기둥을 감고 올라간다면 마구 꼬이겠지요? 이걸 본 옛사람들이 칡 갈(葛) 자와 등나무 등(藤) 자를 합쳐 '갈등'이라는 말을 만들었다고 해요. 등나무와 비슷한 산등나무는 반시계 방향으로 감고 올라가요. 덩굴식물이 이렇듯 방향을 달리하는 이유가 아직까지 밝혀지진 않았으나 식물마다 감기 방향은 정해져 있어요.

덩굴식물이 다른 식물을 타고 올라가면서
피해를 주진 않을까?

덩굴식물은 특성상 다른 식물을 감고 올라가는 데다 덩굴손이 있는 식물은 워낙 다른 물체를 단단히 잡고 있다 보니 피해가 생길 수밖에 없어요. 최근 우리나라에는 칡덩굴을 비롯해 외래식물인 환삼덩굴, 가시박 등이 세력을 넓혀 가면서 산림이 망가지는 사례가 늘어나고 있어요.

외래식물 이야기는 앞에서 했지만 칡덩굴의 문제는 좀 달리 생각해 봐야 할 것 같아요. 과거에는 칡뿌리를 사람들이 많이 캐 먹었어요. 별다른 간식거리가 없던 시절이었으니까요. 숲이 황폐하던 때이기도 했고 적당히 자란 칡은 사람이 캐면서 퍼지는 걸 자연스레 조절하지 않았을까 싶어요. 그러나 생활 수준이 올라가고 먹을거리가 늘어나면서 칡을 캐는 일이 급격히 줄었어요. 최근에 칡을 음료로 만들기도 하지만 아직까지 미미한 수준이고요. 기후 변화의 영향도 있어요. 기온이 높아지니 칡덩굴의 성장 속도가 과거보다 빨라지면서 세력을 넓혀 가고 있습니다.

2021년 산림청 자료에 따르면 우리나라 전체 산림 면적 633만ha 가운데 약 4만 5,000ha가 덩굴류로 피해를 보고 있어요. 전국에서 기후 변화의 영향을 가장 많이 받는 제주를 비롯해 전남, 경남 등 남부 지역에서 피해가 큰 것으로 집계되었고요.

그런데 덩굴식물이 주로 퍼지는 지역을 살펴보면 햇빛에 지속적으로 노출되는 도로 주변 경사면 등에서 주로 발생해요. 이것은 무엇을 의미하는 걸까요? 결국 개발하느라 햇빛에 노출되는 기회가 많아질수록 덩굴식물의 세력이 넓어진다는 의미 아닐까요? 개발을 어떻게 바라봐야 하는지 관점에 전환이 필요하다고 느끼는 그것이 바로 '생태 감수성'입니다.

8월

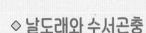

날도래와 수서곤충
"딱정벌레가 물속에도 산다고?"

딱정벌레 같은 곤충은 어쩐지 땅에 사는 게 익숙하게 느껴져요. 그런데 물속에도 산답니다. 물속에는 딱정벌레만 사는 게 아니라 노린재도 살아요. 정확히 말하면 딱정벌레류와 노린재류라고 해야겠지요. 물속에 사는 곤충이라고 해서 수서곤충(수생곤충)이라 부릅니다. 땅에 사는 곤충은 육서곤충이라고 해요.

전 세계 모든 수서곤충은 본래 육지에서만 살던 평범한 곤충이었어요. 아마도 변화된 환경에 적응하면서 물속으로 들어갔을 것으로 추정하는데 그렇다 보니 헤엄치는 데 익숙한 곤충이 많지 않아요. 그럼에도 물방개나 송장헤엄치게의 수영 솜씨는 대단합니다. 물속에서 헤엄치는 일에 익숙하지 못한 곤충은 어떻게 먹고살까요?

곤충마다 환경에 적응하며 먹이를 잡는 방법은 다양합니

물방개. ⓒ최원형.

다. 드물게 헤엄을 잘 치는 물방개는 몸의 생김새로 이미 예상할
수 있어요. 유선형 몸매에 기다란 뒷다리에는 털이 빽빽하게 많
거든요. 이 털이 많은 양의 물을 밀어내면서 물방개를 앞으로 나
아가게 하지요. 미국의 전 수영 선수 마이클 펠프스는 살아 있는
전설로 불리는데요. 무려 350mm나 되는 큰 발로 물을 힘차게
밀어내며 반작용으로 나아가는 힘이 엄청나기에 빠른 속력으로
수영의 황제가 되었다고 해요.

　송장헤엄치게도 수서곤충계의 대표 수영 선수예요. 물방개
와 비슷하게 맨 뒷다리가 긴 데다 잔털이 무수히 나 있어서 수영
을 잘해요. 물방개랑 다른 점은 물 위쪽을 쳐다보며 헤엄친다는
거예요. 배영을 하면서 물 밖과 물속을 동시에 살펴요. 그러다

보니 자연스럽게 물속에 있는 올챙이나 물고기 같은 물속생물뿐만 아니라 물 표면의 소금쟁이나 닷거미, 물 위로 떨어지는 곤충들도 잡아먹으며 살아요. 송장헤엄치게는 먹이를 발견하면 뾰족한 주둥이로 먹이를 찔러 체액을 빨아 먹어요. 이 날카로운 주둥이는 천적의 위험으로부터 자신을 지키는 역할도 합니다.

수영을 못하는 대표적인 수서곤충으로는 게아재비가 있어요. 게아재비라는 재미난 이름은 게를 닮은 아저씨라는 뜻이라고 해요. 게처럼 **키틴질**▼로 둘러싸인 몸을 보고 붙인 이름 같아요. 게아재비는 물사마귀로도 불려요. 삼각형 머리 모양에 몸 쪽으로 굽은 낫 같은 앞다리, 길쭉한 뒷다리까지 사마귀와 외모가 흡사해 붙여진 이름이에요. 게아재비가 수영을 못하는 까닭은 길다란 호흡관이 붙은 몸 구조에 있는데 호흡관은 뒤에서 더 설명할게요. 수영을 못하는 곤충들의 먹이 활동은 비슷한데 바로 물풀에 숨어 있다가 지나가는 먹이를 길쭉한 두 앞다리로 낚아채듯 사냥하는 거예요. 게아재비는 나뭇가지와 비슷하게 생겨서 움직이지 않으면 찾기가 정말 어려워요. 자기 외모를 제대로 이해하고 그걸 활용해서 살아남은 곤충이라 할 수 있겠네요.

▼ 곤충류나 갑각류의 외골격을 이루는 물질.

더 알아보기

노린재 무리 수서곤충 vs. 딱정벌레 무리 수서곤충

두 곤충을 분류하는 방법은 수서곤충이든 육서곤충이든 같아요. 노린재 무리는 빠는 입을 갖고 있어요. 먹이의 몸에 빨대처럼 생긴 입을 꽂아 소화액을 주입한 뒤 체액을 빨아 먹지요. 애벌레에서 성충이 될 때는 번데기 과정이 없는 불완전탈바꿈을 합니다. 게아재비, 물장군, 장구애비, 물자라, 송장헤엄치게 등이 노린재 무리에 속합니다. 반면 딱정벌레 무리의 입은 씹는 입입니다. 날카로운 턱으로 먹이를 물어서 씹어 먹어요. 번데기 과정까지 다 있는 완전탈바꿈을 하고요. 물방개, 물땡땡이 등이 딱정벌레 무리입니다. 참고로 물에 사는 곤충의 애벌레는 대부분 육식성이어서 다른 애벌레를 잡아먹기도 하고 먹이가 부족할 때는 같은 종류의 애벌레끼리도 서로 잡아먹습니다. 번데기 과정이 없는 노린재 무리의 애벌레는 어른벌레와 생김새가 비슷한데 번데기 과정을 거치는 딱정벌레 유충은 어른벌레와 생김새가 전혀 딴판이에요.

물속에서만 사는데 날개가 필요할까?

곤충의 특징인 두 쌍의 날개를 수서곤충들도 모두 갖추고 있지만 물속에서만 살아가는 곤충의 경우에는 날개를 사용하지 않아 비행 근육도 발달하지 않게 되었어요. 그런데 비가 오고 물웅덩이가 생기면 어떻게 알고 소금쟁이가 모여들어요. 이렇게 물에 기대어 살아가지만 이동할 땐 날개가 필요한 곤충도 있어요. 물 위에 있는 모습만 봐서 모를 수 있지만 소금쟁이는 아주 잘 날아다닙니다. 물장군과 물방개는 밤에 날아다녀요. 수서곤충은 대개 야행성인데 게아재비와 송장헤엄치게는 낮에도 날아다닙니다. 물속에 있으면 날개가 젖으니 날기 전에 날개를 말립니다. 물맴이는 물속에 있는 천적을 발견하면 물 밖으로 뛰쳐나와 날개를 펴고 하늘로 날아간다는데 날개를 말릴 시간이 있을까요?

 더 알아보기

수영도 못하면서 곤충은 왜 다시 물 밖으로 나오지 않을까?

물자라, 장구애비, 게아재비 그리고 물장군은 수영을 잘 못해요. 수영을 못해도 먹이를 구할 방법이 있다면 굳이 물 밖으로 나갈 이유가 없겠죠? 물속 생활이 다 불편하기만 한 건 아니거든요. 겨울에도 물속은 뭍과 비교했을 때 열에 의한 온도 변화가 적습니다. 한여름에 우리가 바다를 찾는 이유지요. 육지는 한겨울에 영하 28도까지 내려갔다가 한여름에는 거의 40도 가까이 오르기도 하잖아요. 거의 70도가량 엄청난 온도 변화가 일어나지만 물은 비교적 안정적이에요. 지하수가 여름엔 시원하고 겨울엔 따뜻한 것도 같은 이유에서입니다.

물속 생활의 편리한 점 또 하나, 물이 떠받쳐 주니까 중력에 대한 부담이 적어요. 중력으로부터 저항하며 사느라 소비하는 에너지를 줄일 수 있으니 물속에서도 살 만한 이유가 있는 거지요. 그럼에도 물속에서 일생을 보내기가 쉽지 않은 곤충은 다시 물 밖으로 나오기도 해요. 대표적인 곤충이 잠자리, 각다귀, 하루살이입니다.

물속에서는 대체 어디에 번데기를 만들까?

완전탈바꿈을 하는 딱정벌레류 곤충은 번데기 상태를 거쳐야 성충이 되는데 물속에서 생활하는 수서곤충은 번데기를 어디다 만들까요? 딱정벌레 무리의 애벌레는 종령(마지막 단계의 애벌레) 상태가 되면 땅으로 기어 나와 물가의 땅속에 구멍을 파고 방을 만들어 그 안에서 번데기가 됩니다. 시간이 지나 번데기가 허물을 벗고 날개를 단 어른벌레가 되면 땅 위로 기어 나와 다시 물속으로 돌아가거나 물 밖에서 지냅니다. 번데기를 땅에다 만드는 것도 곤충이 육상 생활을 했던 흔적이 아닐까요?

아가미도 없는 곤충이 물속에서 어떻게 숨을 쉴까?

곤충은 가슴과 배의 표면에 기문이라 불리는 작은 숨구멍을 통해 호흡합니다. 뭍에 살던 동물이 물속에서도 살 수 있으려면 호흡 문제를 해결해야 하죠. 수서곤충마다 숨 쉬는 방법은 다양한데 잠자리와 강도래의 애벌레처럼 아가미로 물속에서 호흡하는 곤충을 제외하고 모든 수서곤충은 물 밖 공기로 호흡해요. 과거 육상 생활의 흔적입니다. 물방개의 기문은 몸의 끝부분 바로 아래 복부에 있어서 몸의 끝부분을 올리고 기문을 통해 공기를 모아요. 이렇게 모은 공기를 겉날개와 배 사이에 저장해서 호흡에 활용하지요. 자연에서 발견할 일이 거의 없을 만큼 많이 사라졌으나 혹시 물방개를 발견했는데 물속으로 쏙 들어가 버렸다면 아쉬워하지 말고 기다려 보세요. 공기를 모으기 위해 수면 위로 다시 모습을 드러내거든요. 물방개는 한 번 저장한 공기로 약 30분 정도 견딜 수 있다고 합니다. 물맴이도 물방개처럼 딱지날개와 배 사이에 저장해 놓은 공기로 호흡해요. 스킨스쿠버가 잠수하러 들어갈 때 산소통을 메고 가는 것과 같은 원리입니다.

송장헤엄치게가 물속으로 들어갔다 떠오르기를 반복하는 것도 호흡 때문입니다. 날개 밑에 은빛의 공기막이 있는데 이곳에 공기를 채운 뒤 물속에서 그걸로 호흡합니다. 송장헤엄치게는 물 위에 30~40도가량 기울어진 채로 누워서 떠 있기도 해요.

그래야 물 밖이든 물속이든 발견하는 먹이를 잡기가 수월할 뿐 아니라 숨쉬기에도 편하기 때문이죠. 게아재비는 자기 몸보다 긴 호흡관을 물 밖에 내밀고 산소를 흡수해요. 물장군은 숨을 쉬기 위해 수초 줄기를 따라 물 표면으로 올라와 짧지만 잘 늘어나는 호흡관을 밖으로 내밀고 호흡하고요. 장구애비는 배 끝에 붙어 있는 긴 호흡관으로 숨을 쉬어요. 물땡땡이는 독특하게 호흡합니다. 머리 앞에 있는 건 더듬이가 아니고 입수염이고요. 더듬이는 머리 뒤쪽에 숨기고 있다가 숨을 쉴 때 물 밖으로 꺼내 공기를 가슴 쪽으로 모아 그 공기로 호흡을 합니다. 물땡땡이는 가슴에 미세한 털이 있어 공기를 붙잡아 두기 좋게 되어 있어요.

관찰하기

물속생물 관찰하기

수서곤충을 관찰하려면 가장 중요한 게 장소입니다. 물살이 빠른 계곡이나 하천보다는 연못이나 저수지가 좋아요. 논두렁에 자연스레 생긴 물웅덩이도 좋고요. 뜰채와 장화(가능하다면 무릎 장화), 채집통, 흰색의 넓은 그릇(또는 관찰통), 루페 등을 준비합니다. 흰색 그릇은 채집한 생물을 올려놓고 관찰하기 위해서입니다. 관찰한 뒤에는 반드시 있던 곳에 놓아주어야 해요. 생물을 가져가 기르고 싶은 마음이 들면 누군가 나를 낯선 곳으로 데려간다면 어떨지 생각해 보세요. 이런 역지사지의 마음이 생태 감수성입니다.

물속에서 집을 짊어지고 사는 곤충이 있다고?

계곡물을 들여다보다가 바닥에 작은 나뭇가지가 움직이는 걸 본적 있나요? 처음엔 눈을 의심하다가 그 안에서 머리가 살짝 나오는 걸 발견하고 너무나 신기했던 곤충이 있어요. 바로 날도래입니다. 물살이 빠른 계곡이나 계곡 주변 웅덩이 등에서 날도래를 볼 수 있어요.

날도래도 종류에 따라 집을 만들어 생활하는 종과 자유롭게 이동하며 사는 종이 있어요. 자유롭게 이동하는 날도래는 센물살을 견뎌야 하니 몸이 튼튼해야 해요. 한편 물날도랫과 애벌레는 집을 짓지 않고 돌에 몸을 붙이고 돌과 돌 사이에 그물을 치고는 거기에 걸리는 물속 이끼나 작은 곤충을 먹고 살아요. 그물은 나팔처럼 윗부분은 넓게, 아랫부분은 좁게 만들기도 하고 컵모양으로 또는 글로브의 손가락 모양으로 만들기도 합니다. 집을 짓고 사는 날도래는 종류마다 집을 짓는 방법이나 재료가 달라서 집의 형태를 보면 대략 어떤 종류의 날도래인지 동정(同定, 생물의 분류학상의 소속이나 명칭을 바르게 정하는 일)이 가능해요. 띠우묵날도래 애벌레는 항문에서 분비하는 섬유질을 접착제 삼아 낙엽, 모래, 나뭇가지 부스러기 등을 붙여서 대롱 모양의 집을 만들어요. 그 집에서 머리와 가슴만 내민 채 기어다니면서 작은 벌레나 물풀을 먹으며 살지요. 집 안에서 번데기 시절까지 거

나뭇가지 등을 붙여 집을 만든 날도래. ©최원형.

처 완전탈바꿈을 합니다. 이것저것 붙여서 집을 만드는 날도래
도 신기하고 그물을 쳐서 먹이를 잡아먹는 날도래도 신기하기만
합니다. 갸름한 나방처럼 생긴 성충은 주로 저녁이 되어야 활동
을 시작해요.

날도래 애벌레는 깨끗하고 차가운 물에 살아서 오염에 민
감해요. 그래서 수질을 나타내는 지표로 날도래 서식 여부가 활
용됩니다. 2019년 과학 저널 〈생물 보존(Biological Conservation)〉
에 따르면 전 세계 곤충 개체 수는 평균 40% 이상 감소했으며
3분의 1이 멸종 위기에 처해 있어요. 곤충의 멸종 속도는 포유류
나 조류, 파충류보다 8배 빠르며 100년 안에 완전히 사라질 수
도 있다고 합니다. 그중 가장 많이 사라진 1위 곤충이 바로 날도
래로 68%가 멸종되었다고 해요. 곤충 수가 줄어들면 곤충에 의
존하여 먹이를 찾는 새, 파충류, 양서류, 어류가 굶어 죽게 되니
생태계에 파괴적인 영향을 미칠 수밖에 없어요.

날도래와 이름이 비슷한 수서곤충으로 강도래가 있어요.
날도래처럼 집을 짊어지고 살진 않지만 수질이 깨끗한 1급수 지

역에 사는 수질 지표종이라는 공통점이 있어요. 여울 근처에서 생활하고 산소가 부족하면 몸을 움직여 물에 공기를 만들어 호흡합니다. 수질 오염으로 강도래를 만나는 게 좀처럼 쉽지 않은데 가짜 강도래는 오히려 만나기 쉬워졌어요. 최근에는 강도래 모양을 본뜬 가짜 미끼를 낚시에 많이 사용하거든요. 먹거리 마련을 위한 어업이 아니라면 취미로 생명을 잡는 낚시는 정말 안 하면 좋겠다는 게 제 생각입니다.

강도래 애벌레는 산간 계곡 돌 주변에 산다고 영어로 스톤플라이(Stonefly)라 합니다. 물 흐름에 몸을 맡겨 떠내려가는 데 익숙한 곤충이 강도래예요. 자칫 위험할 수 있는 이런 행위에 대해 전문가들은 포식자를 피하기 위한 행동 혹은 더 나은 서식지를 찾아 성충으로 우화하기 위한 준비로 해석하기도 합니다만 어디까지나 추측일 따름입니다. 애벌레 시기를 2~3년 동안 보내며 12~24번 탈피 후 성충이 된다고 하는데 강도래에 관해 알려진 바가 아직 많이 없어요. 그런데 점점 보기 힘들어지는 곤충이라 안타까워요. 제대로 알기도 전에 사라져 버리는 일이 부디 없길 바랍니다.

집을 짊어지고 다니는 곤충이 있는가 하면 알을 짊어지고 다니는 곤충도 있어요. 물자라 수컷의 등에는 알이 수북이 붙어 있는데 많게는 100개가량 된다니 어마어마하지요? 이렇게 많이 낳는 이유는 수서곤충뿐만 아니라 물고기까지 알을 노리기 때문

태안 신두리 해안사구 전경. ⓒ이정운, 채재혁, 이원호(공유마당).

해안사구는 빙하기 이후인 약 1만 5,000년 전부터 서서히 만들어진 것으로 추정하고 있어요.

해일과 풍랑 등의 위험이 있는데도 오래전부터 바닷가에 마을을 형성하고 살 수 있었던 건 살 만한 환경이었기 때문입니다. 바다와 마을 사이에 있는 해안사구는 자연 방파제로 폭풍과 해일로부터 농경지를 보호해 줍니다. 그러나 이런 가치를 아는 지역민들의 목소리보다 개발을 하려는 사람들의 목소리가 커지면서 해안사구가 사라지고 있어요. 개발의 시대에 해안사구는 쓸모없는 땅이거나 모래 광산 취급을 받았어요. 우리나라에 있는 거의 모든 해안사구가 1970~1980년대에 유리 원료인 규사를 채취하는 과정에서 훼손되기 시작했고 관광지 개발로 사라졌죠. 지금도 사라지고 있습니다. 사구가 사라지면서 해안침식이 가속화되었어요. 이에 방파제를 세워 침식 문제를 해결하려고 했지만 오히려 더 나빠지고 있습니다. 그럴 수밖에 없는 게 사구는 해안의 일부거든요.

모래언덕은 일종의 모래 공유 시스템입니다. 모래가 바닷가에서 사구로 날려 와 쌓여 있다가 태풍이 불면 사구에 있던 모래가 다시 해변으로 갑니다. 이렇게 모래가 오가면서 해안과 방파제 기능, 그 밖의 여러 기능이 작동하는 겁니다. 그런데 사구를 통째로 날려 버리고 그곳에 도로를 내고, 건물을 지었어요. 그 결과 모래의 순환 시스템이 끊기고 해변의 균형이 깨지며 침식이 일어나게 되었지요. 사람들은 해안이 침식될 수밖에 없는 원인을 제공해 놓고는 이제 와서 침식을 막아 보겠다고 천연 방파제를 없앤 자리에 인공 방파제를 세워요. 해안 시스템에 관한 이해가 문제 해결의 시작이어야 합니다. 최근 해안침식은 지구 가열화로 해수면이 상승하면서 벌어지기도 하고 허리케인이나 강력한 태풍 등으로 벌어지기도 합니다. 현재 해안침식을 막기 위해 많은 나라가 노력하고 있어요.

미국은 1972년에 미연방 연안관리법을 제정했어요. 사구 보호를 위해 사람의 통행을 금지할 뿐만 아니라 건축도 금지하고 있습니다. 해안가에 그 무엇도 할 수 없도록 법으로 규정한 것이죠. 바다보다 땅이 낮은 네덜란드도 해안 관리에 무척 신경을 쓰고 있습니다. 침식 대책으로 사구에 모래를 공급하고 사초 등 식물을 심고 있어요. 그런데 모든 나라에 공통적으로 적용할 수 있는 원칙이 하나 있어요. 지속 가능한 해안 관리를 위한다면 자연에 어긋나는 일 대신 자연과 조화를 이루는 일을 하라는 거지요. 해안사구를 보전해야 하는 이유에 해안침식 문제만 있는 건 아니에요. 사구에는 우리를 지켜 주고 우리가 지켜야 할 수많은 생물이 살고 있어요. 단순히 모래언덕이 아니라 여러 생명이 살아 숨 쉬는 장소라는 걸 알아보는 눈이 많아지면 좋겠습니다.

 더 알아보기

우리나라에서 사구는 서해안에만 있을까?

유명한 해수욕장은 동해안에도 많잖아요? 해수욕장이라 불리는 곳은 사빈이고 사빈의 뒤쪽으로 해안사구가 위치해요. 동해안에는 큰 하천의 하구에 강이 운반한 모래가 쌓이면서 큰 사빈이 형성된 곳이 꽤 있어요. 강물에 실려 온 모래뿐만 아니라 해안으로 파도가 싣고 오는 모래, 거기다 암석이 침식되면서 형성된 세립질(매우 잔 알갱이로 이루어진 물질) 등이 쌓이면서 낮은 모래언덕이 만들어졌어요. 동해안 사구 가운데 가장 오래된 안인사구가 있는데요. 지금은 침식으로 황폐한 모습입니다. 이곳 사구는 바닷가에 화력발전소를 건설하면서부터 침식되기 시작했어요. 많은 나라가 석탄 화력을 없애는 마당에 우리는 짓고 있는 것도 개탄할 일인데 그 화력발전소로 인해 사구가 사라지고 있어요.

모래언덕인데 지하수를 저장한다고?

사하라 사막에 있는 사구는 표면이 온통 모래지만 해안사구는 대부분 식물로 덮여 있어요. 식물이 있으니 동물 또한 의지해 살 아가지요. 모래언덕의 높이만큼 높아진 육지가 지하수위를 끌어 올려요. 그래서 해안사구는 많은 양의 담수를 저장하고 있어요. 이렇게 저장된 지하수가 모래 사이사이로 걸러져 바닷가에 사는 지역 주민과 동식물에게 필요한 물을 공급하지요. 비가 오면 빗 물이 사구의 모래 속으로 침투해요. 사구에 저장된 빗물의 양에 따라 바닷물을 점점 더 아래로 밀어내면서 지하수를 저장합니다.

사구와 사구 사이에 움푹하게 패인 곳에 물이 고이면 사구 습지가 형성돼요. 사구습지는 신두리에도 있습니다. 동식물이 생 존하는 데 필수인 수분을 공급하는 중요한 생태적 기능을 습지 가 하지요. 습지가 상당 기간 유지되면 그곳에 분해되지 않은 식 물 유기체가 퇴적되어 이탄층을 형성합니다. 당연한 소리겠지만 해안사구에는 모래가 교환되는 일이 지속적으로 벌어지기 때문 에 이런 과정에 잘 적응한 생물들이 서식해요. 갯그령, 갯방풍, 해당화, 통보리사초, 갯메꽃 같은 사구식물과 개미귀신으로 알려 진 명주잠자리 애벌레, 모래거저리, 길앞잡이 등 사구성 곤충, 그 리고 표범장지뱀도 터를 잡고 살아가요. 흰목물떼새와 큰물떼새 도 다녀갑니다. 이 모든 존재가 물이 있기에 가능합니다. 모래언덕이 품고 있는 지하수는 생명수예요. 모래언덕조차 우리 삶에 얼마나 중요한가요?

태안군에 있는 여러 마을은 해안사구가 훼손되면서 바닷물이 지하수에 스며들게 되었어요. 결국 농작물이 말라 죽고 마실 물에도 짠맛이 나면서 식수 피해를 보았습니다. 네덜란드 남-케네밀런트 국립공원에 있는 사구습지는 물새들의 보금자리였어요. 그런데 한 정수회사가 이 지역에서 지하수를 채취하면서 사구지대가 건조화되었고, 이에 생태계 교란이 벌어지자 담수 채취가 금지되었어요. 네덜란드에서 해안사구의 지하수를 채취하기 시작한 것은 과거 콜레라 시절 '사구 지하수의 물을 마신 사람은 병에 걸리지 않고 건강하다'는 것을 알게 되면서부터였다고 해요. 빗물이 모래언덕을 통과하면서 자연 정수 처리되어 그랬나 봅니다. 이후 지하수를 개발하던 수자원회사는 사구 관리와 보전을 위해 노력하고 있다고 해요.

사구에 소똥구리를 풀어놓았다고?

소가 똥을 누면 똥 경단을 만들어 굴리던 소똥구리가 우리 땅에서 사라진 지는 좀 되었지요. 1970년대 후반 이후 공식 발견 기록이 없어 환경부는 실제로 절멸된 상태로 추정하고 있습니다.

소똥구리가 절멸하게 된 이유는 서식지 감소와 먹이인 소똥이 사라졌기 때문이지요. 소똥을 비롯한 가축 분뇨는 처치가 곤란할 정도로 넘쳐 나니 정확히는 '소똥구리가 먹을 수 있는 똥이 사라졌다'고 표현할 수 있겠네요. 1970년대 이후 우리나라에 근대화가 추진되면서 소똥구리가 서식하는 목초지가 줄어들었어요. 거기다 소에게는 풀 대신 사료를 먹였고요. 사료에는 항생제 등이 첨가되다 보니 소똥구리는 그런 소의 똥을 먹고는 살 수 없게 되었어요. 우리나라뿐만 아니라 소똥구리가 많이 살던 프랑스와 이베리아반도에서도 산업화로 소똥구리 개체 수가 급감하고 있어요.

많은 사람이 직접 본 적은 없어도 소똥구리가 소의 똥을 굴리는 곤충이라는 건 알고 있어요. 우리 정서에 깃들어 있는 이 곤충이 현실에서는 멸종되었다니 기분이 착잡합니다. 환경부는 종 복원사업의 하나로 소똥구리 복원을 추진했습니다. 노력 끝에 우리나라에 살던 소똥구리와 유전적으로 동일한 소똥구리를 몽골에서 데려와 2세를 태어나게 하는 데 성공했어요. 적절한 소똥을 못 찾아 말똥을 먹여 키웠다고 해요. 문제는 이 소똥구리를 키울 장소인데요. 여러 후보지 가운데 신두리 사구가 선정되었습니다. 2020년부터 사구에 소를 먼저 방목해서 소똥구리가 살 수 있는 환경을 만들었고, 이후 소똥구리 200마리를 방사했어요. 신두리 사구가 선정된 까닭은 이곳이 소똥구리가 서식하기

에 적합한 환경이
었기 때문이에요.
소똥구리 서식지는
건조한 기후에 먹이인 대
형 초식동물의 똥이 있어야 하고 똥 경단

소똥구리. ⓒ최원형.

을 굴리기에 적절한 곳이어야 하거든요. 또 탐방로 말고
는 사람들 출입이 통제돼 있어 환경 훼손도 적은 데다 과거에 소
똥구리가 서식하던 곳이라는 점도 선정 이유로 작용했지요.

멸종하고 나서야 뒤늦게 소똥구리를 복원하려 한 이유는
소똥구리가 생태계에 주는 이로움이 많기 때문이지요. 소똥구리
가 소똥 1kg을 분해하는 데는 하루도 걸리지 않아요. 분해된 똥
에는 유익한 미생물이 많이 살아요. 이 똥이 토양에 영양분을 되
돌려줘서 토양 비옥도를 향상시키는 데도 기여하고, 식물의 성
장에도 도움을 줍니다. 땅속으로 들락거리는 소똥구리 덕분에
땅은 통기성이 좋아지고 그 바람에 다른 미생물의 서식 환경도
좋아집니다. 소똥이 땅 위에 있으면 메탄과 아산화질소 같은 온
실가스가 대기 중으로 방출될 거예요. 그런데 소똥구리가 땅속
으로 끌고 들어가니 소똥이 토양 속에 격리되면서 온실가스 저
감에도 기여해요. 땅속과 땅 위를 선순환시키는 큰 고리를 소똥
구리가 맡고 있어요.

모든 소똥구리가 사라진 건 아니에요. 애기뿔소똥구리는

지금도 제주에 가면 만날 수 있습니다. 애기뿔소똥구리는 경단을 굴리는 소똥구리가 아니에요. 똥을 흙 속으로 끌고 들어가 새끼방을 만들고 그곳에다 경단을 만들어 알을 낳고 번식하는 소똥구리입니다. 애기뿔소똥구리는 소똥만 먹다가 더 이상 소똥을 먹을 수 없게 되자 먹이 재료를 바꿔 말똥을 먹기 시작했어요. 대체할 말똥이라도 구할 수 있는 제주여서 살아남는 게 가능하지 않았을까 싶어요. 굴업도, 대청도 같은 섬에서는 흑염소를 해안사구나 들판에 풀어놓고 키워요. 풀만 뜯어 먹고 눈 똥이니 소똥구리에게는 얼마나 반가운 소식이겠어요? 육지와 떨어진 외딴섬인데도 애기뿔소똥구리가 발견되기 시작했어요.

현재 신두리 사구에 소를 방목하고 있지요. 장소가 한정적이다 보니 신두리 사구에서 살 수 있는 소의 숫자는 한정적일 수밖에 없는데 소똥구리 수는 늘어날 수 있을까요? 수가 늘어나면 어디서 살아야 할까요? 게다가 소똥구리는 날개가 있어요. 소똥구리에게 필요한 건 꼭 소똥이라기보다는 말이든 흑염소든 반추동물이 풀을 먹고 눈 건강한 똥일 겁니다. 종 복원도 중요한 일이겠으나 복원보다 앞서 서식지를 복원해야 하지 않을까 싶어요. 서식지를 복원한다면 지금 멸종의 절벽에 아슬아슬하게 걸쳐 있는 생명들도 함께 구할 수 있을 테니까요.

더 알아보기

소똥구리 종류

똥 안에 들어가 똥을 파먹으며 사는 종류도 있고, 똥을 땅속에 저장하고 짝짓기 후 똥 경단을 만들어 경단 속에 알을 낳는 종류도 있고, 아예 똥을 경단으로 만들어 굴려서 땅속으로 가져간 뒤 경단에 알을 낳는 종류도 있어요.

소똥구리 프로젝트

1788년 호주 대륙에 소가 처음 등장했어요. 지역마다 똥 분해자가 있듯 호주에도 똥딱정벌레라는 분해자가 있었는데, 똥딱정벌레는 딱딱한 캥거루 똥을 분해하는 곤충이 었어요. 반면 질퍽한 초식동물의 똥을 처리하는 곤충은 없었다고 해요. 토종 분식성(분해성) 곤충이 소똥을 외면하면서 초원이 소똥으로 뒤덮이기 시작했고, 여기에 부쉬 파리까지 들끓으며 호주는 똥 몸살을 앓게 됩니다. 결국 외국에서 소똥구리를 데려오고 나서야 부쉬 파리가 90% 이상 줄어들었다고 해요. 호주 정부는 1965년부터 10년에 걸쳐 아프리카 대초원에서 들여온 소똥구리를 호주 초원에 토착화시키는 '소똥구리 프로젝트(Dung Beetle Project)'를 성공시키며 분식곤충의 중요성을 새롭게 깨닫게 되었는데요. 정작 이 프로젝트가 마무리되고 몇 년 뒤에 우리나라에서 소똥구리가 멸종하는 일이 벌어졌어요. 타산지석의 교훈을 배우지 못하다니 아쉽습니다.

소똥구리와 응애는 공생 관계

소똥구리가 오지 않은 똥에는 파리가 꼬이지만 일단 소똥구리가 오면 파리는 떠나야만 합니다. 소똥구리는 진딧물류의 일종인 응애를 데리고 오거든요. 응애는 파리의 천적으로 애벌레나 알을 먹어 치워요. 소똥구리와 응애는 서로 공생 관계로 살아갑니다.

버섯과 생태계의 분해자

"버섯이 곰팡이라고?"

버섯 요리를 즐겨 먹으면서도 버섯을 식물로 생각하는 이들이 많아요. 버섯은 식물이 아닙니다. 식물의 특징인 광합성을 할 수 없거든요. 생명체 하면 흔히 식물, 동물 그리고 미생물 정도를 떠올리게 되지요. 학자에 따라 생명체를 조금씩 다르게 분류하는데 1969년 미국 코넬대학교의 생태학자 로버트 휘태커는 국제학술지인 〈사이언스〉에 5계 분류 체계를 발표해요. 여기서 잠깐 생명체의 특징을 살펴볼게요. 생명체는 세포로 이루어져 있어요. 그리고 생장을 하고 움직일 수 있습니다(식물은 못 움직인다고요? 우리가 인지하기에 느리거나 움직임이 작을 뿐 식물도 움직입니다). 모든 생명체에서는 물질대사가 일어납니다. 생명체는 내부의 환경을 일정하게 유지하는 항상성을 지니고 생식을 하며 자손을 남겨요. 또 자극에 반응하고 변화에 적응하며 진화합니다. 휘태커는 이런 특징을 지닌 생명체를 동물계,

낙엽버섯. ⓒ최원형.

식물계, 균계, 원생생물계 그리고 원핵생물계 이렇게 5계로 분류했어요.

버섯은 다세포로 이루어진 생물이면서 광합성을 못 하고 대신 균사를 뻗어 양분을 얻어 생활합니다. 균사로 이루어진 생물을 우리말로 곰팡이, 학술적으로는 균계로 분류하지요. 버섯은 균계에 속합니다. 균과 비슷한 세균은 그렇다면 균계일까요? 아니에요. 세균은 단세포생물이고 세포에 뚜렷한 핵이 없어 원핵생물계로 분류합니다. 원핵생물계에는 모든 세균이 속하며 광합성을 하는 종류도 있어요. 동물계, 식물계, 균계, 원핵생물계에도 속하지 않는 생물을 원생생물계로 분류합니다. 원생생물계는 세포 안에 핵이 있는 진핵세포로 이루어져 있어요. 다시마, 해캄, 미역처럼 광합성하는 종류도 있고 아메바, 짚신벌레, 유글레나처럼 단세포생물도 있어요. 기관이 발달하진 않았어요. 분류는 인간의 편리를 위해 만든 하나의 기준일 뿐이어서 또 다른 분류 기준이 생긴다면 이 분류 체계는 얼마든지 달라질 수 있어요.

곰팡이라고 하면 상한 음식에 실처럼 퍼진 모습이나 눅눅한 곳에 생기는 지저분한 이미지를 먼저 떠올리게 되지요. 이런 것은 곰팡이 종류 가운데 하나인 사상균입니다. 곰팡이에는 사상균, 효모, 버섯 이렇게 세 종류가 있습니다. 사상균이라고 다 해롭거나 부정적인 건 아니에요. 간장, 된장, 청국장, 치즈, 템페, 낫토 등 인류의 음식 문화에 어마어마하게 기여한 생명체가 사상균입니다.

곰팡이는 우리 몸 안에도 있고 주변에도 있고 어디에든 있어요. 곰팡이는 돌과 나무를 분해해 흙을 만들고 온갖 오염 물질을 소화시켜요. 약물을 만들고 우주에서도 살아남지요. 곰팡이의 이런 전지전능한 능력은 효소와 산을 이용해 모든 것을 다 분해시키는 성질에 있어요. 나무의 **리그닌**♥도 분해하고 폴리우레탄 플라스틱, 폭약 TNT도 곰팡이 앞에서 무기력해져요. 심지어 강력한 방사능 내성까지 있어서 방사성 폐기물 처리장을 정화하는 데 곰팡이를 이용할 수 있어요. 체르노빌 핵발전소 사고로 폭발한 원자로는 곰팡이의 대형 서식지가 되었어요.

♥ 목재, 대나무, 짚 따위의 목화(木化)한 식물체 속에 20~30% 존재하는 방향족 고분자 화합물. 세포를 서로 달라붙게 하는 구실을 하는데 이것이 축적되면 세포 분열이 멈추고 단단한 조직이 된다.

개척자 곰팡이

화산이 폭발하거나 빙하가 후퇴해 암석이 드러날 때 가장 먼저 찾아오는 생명체는 곰팡이와 조류, 이끼 등입니다. 이들은 다른 식물들이 자리 잡을 수 있도록 토양을 만들어요. 곰팡이들이 빽빽한 조직을 만들지 못한다면 아무리 건강한 생태계도 빗물에 다 쓸려 가 버려요.

버섯이 비를 만든다고?

우리가 먹는 버섯은 포자를 만드는 자실체(균사체에서 번식기관으로 발달한 부분)입니다. 식물에 비유하면 꽃에 해당하는 생식기관이에요. 식물의 뿌리와 곰팡이의 공생체를 일컫는 균근 곰팡이는 식물을 병들게 할 수도 있지만 나무들을 연결하는 우드 와이드 웹(Wood Wide Web, WWW)의 거대 네트워크를 이루어요. 지구에 살아가는 식물의 90% 이상이 균근 곰팡이에게 생존을 의지하고 있어요.

우리가 흔히 만나는 버섯의 구조는 갓, 주름살, 자루 이렇게 세 부분으로 이루어져 있어요. 갓을 균모라고도 하는데 균모 위에 인편(비늘조각)이 있는 버섯도 있고 가루나 줄무늬가 있는 버섯도 있어요. 균모 아래에는 주름살이 있는데 여기에 수많은 포자가 있어요. 식물이 자손을 퍼뜨리기 위해 다양한 방법으로 씨앗을 퍼뜨리듯이 곰팡이도 여러 방법으로 포자를 퍼뜨려요. 어떤 버섯은 사람이나 동물이 밟아야 포자가 퍼져 나와요. 어떤 버섯은 바람을 이용해 포자를 터트립니다. 포자가 방출될 때의 속도는 우주왕복선이 발사된 직후의 속도보다 1만 배 빠르게 가속되어서 순식간에 최고 시속 100km에 이르러요. 곰팡이 포자는 구름 속에서도 발견되는데요. 빗방울의 씨앗이 되고 눈, 진눈깨비, 우박을 만드는 얼음 결정의 핵이 되어 날씨에도 영향을 끼쳐요.

우리 눈에 보이는 버섯은 포자를 퍼뜨리기 위한 도구이고 보이지 않는 곳에 있는 균사가 진짜 주인공이지요. 균사는 많은 세포가 연결된 네트워크로, 사방으로 뻗어 가며 갈라지고 합해지고 얽히면서 무질서한 듯 섬세한 균사체를 만들어요. 버섯은 우리 눈에 보이고 만질 수 있는 구체적인 사물이지만 "균사체는 물체라기보다는 과정이라고 생각하는 편이 합당하다"고 책《작은 것들이 만든 거대한 세계》를 쓴 멀린 셸드레이크는 표현했어요. 균사체를 설명하기에 이보다 적절한 표현은 없는 것 같아요. 균사로 연결된 생태 네트워크로 물과 양분이 흘러 다니는 그 자체가 균사체인 거지요. 우리가 사는 세계란 하나하나의 물건이 아니라 전 세계로 물류가 흐르고 사람이 이동하는 그 자체이듯 말이지요.

버섯이 부싯깃으로도 사용되었다고?

나무는 홀로 살지 않아요. 참나무 한 그루에 딱따구리, 다람쥐, 청설모 같은 동물이 살고, 잎이 나오면 풍뎅이, 노린재, 선녀벌레, 진딧물이 모여들고, 수액을 찾아 쌍살벌, 파리매, 사슴벌레 등이 모여들어요. 우연히 빗물 또는 곤충이나 새의 부리에 묻어 온 곰팡이 포자가 나무에 난 상처로 들어가면 포자는 영양이 풍부한 수액의 바다에서 균사를 뻗으며 균사체를 키워 가죠. 나무의 물관과 체관을 따라 이동하면서 균사체를 형성하는데, 이때 나무가 질병 등으로 약한 상태라면 균사체는 자실체인 버섯으로 나옵니다. 우리 눈에는 살아 있는 나무처럼 보이지만 버섯은 이미 나무가 죽어 간다는 걸 알고 있는 셈이지요.

나무의 구조는 콘크리트와 비슷해요. 건물을 지으려면 철근, 철근을 연결할 철사 그리고 콘크리트가 필요합니다. 나무에서 철근 같은 역할을 하는 게 섬유소인 **셀룰로오스**❦이고 철사 역할을 하는 게 헤미셀룰로오스 그리고 단단하게 굳는 콘크리트의 역할을 하는 게 리그닌이에요. 나무의 중심을 잡고 바람에도 꺾이지 않는 건 리그닌이 있기 때문입니다.

나무에서 자라는 버섯을 목재부후균이라고 해요. 나무를

❦ 포도당으로 된 단순 다당류의 하나. 고등식물이나 조류의 세포막의 주성분이다.

썩게 하는 곰팡이 무리를 통틀어서 부르는 말입니다. 목재부후균은 백색부후균과 갈색부후균 두 종류로 나누는데 갈색부후균은 리그닌을 분해하지 못하고 셀룰로오스와 헤미셀룰로오스만 분해해서 나무가 리그닌 색인 갈색을 띠어요. 백색부후균은 리그닌까지 모두 분해해서 회백색을 띱니다. 균에 따라 나무의 색깔도 변하지만 갈색부후균이 분해한 나무는 직사각형 블록 형태로 나뭇조각이 떨어지고 백색부후균은 세로 섬유질 형태로 부서져요. 그러니까 나무에 버섯이 피었을 때 나무의 색깔이나 상태로 어떤 균이 그곳에서 분해하고 있는지 알 수 있지요. 참고로 균이 자라기 위해서는 산소, 수분, 영양소 이렇게 세 가지가 있어야 해요. 특히 수분이 중요하지요. 장마가 막 끝나고 아직 공기 중에 수증기가 많을 때 나무에서 버섯이 우후죽순처럼 나오는 걸 볼 수 있어요.

나무는 옥신이라는 호르몬을 분비해서 자기의 상처를 스스로 치유할 줄 알아요. 옥신의 분비를 촉진하는 가지치기를 해야만 나무가 균으로부터 자신을 보호할 수 있답니다. 가지치기를 함부로 하면 자른 부위로 빗물 등을 통해 균이 침투해서 멀쩡한 나무를 죽게 만들 수도 있어요. 나무가 건강하지 못하면 가장 먼저 부후균이, 그다음에 박테리아가 들어가서 나무를 잘게 분해하면서 자연으로 돌려보내요. 새로운 생명이 자연으로 돌려진 양분을 먹으며 또 자라지요. 버섯은 삶과 죽음의 연결점입니다.

버섯을 비롯한 곰팡이들은 물질 순환에 기여하며 생태계에서 중요한 역할을 합니다.

 1991년 이탈리아와 오스트리아 국경 지역인 알프스산맥 해발 3,200m 지점 외츠탈 계곡에서 5,300년 전 사람으로 추측되는 냉동 인간 미라가 발견되었어요. 이 미라는 말굽버섯과 잘 손질한 조개껍질버섯이 든 주머니를 갖고 있었다고 해요. 조개껍질버섯은 약으로 썼을 것으로 추정하고 있어요. 말굽버섯은 추운 지역에서 사는 자작나무 등의 활엽수에서 자라는데 성냥이 발명되기 전에 불을 만드는 부싯깃으로 이용했어요. 불을 처음 피울 때 부싯돌끼리 부딪쳐서 불똥이 튀면 그 불똥을 이어받아 크게 키우는 용도로 말굽버섯을 사용했다고 해요. 불을 보관하거나 불을 이동할 때 또는 불쏘시개용으로도 말굽버섯을 이용했고 지혈제 등 치료 목적으로도 활용했던 것으로 알려져 있어요. 말굽버섯은 고목뿐 아니라 살아 있는 나무에서도 자랄 수 있는데 리그닌까지 분해하기 때문에 나무가 태풍 등에 쉽게 쓰러질 수 있어요.

 더 알아보기

곤충 몸에서도 버섯이 자란다고?

겨울에는 곤충이고 여름에는 풀이라는 뜻의 동충하초라는 버섯이 있어요. 동물성 단백질을 먹고 자라지요. 원래 동충하초는 티베트 등 추운 고원에 사는 박쥐나방의 유충에서 자라던 버섯입니다. 곤충의 몸에 포자가 침투해서 곤충을 양분으로 삼아 자라는데요. 죽은 나비, 나방, 매미 등의 번데기에서 자라요.

버섯 먹는 딱정벌레가 있다고?

버섯을 크게 두 그룹으로 나누면 땅에 나는 버섯과 나무에 나는 버섯으로 나눌 수 있어요. 우리가 흔히 떠올리는 자루에 갓을 쓰고 있는 버섯은 땅에 나는 주름버섯류예요. 주름버섯류는 굉장히 부드럽고 연약하고 잘 부스러져서 수명이 짧아요. 길어야 일주일을 못 버티고 썩거나 녹아내립니다. 주름버섯류에 속한 먹물버섯의 경우 몇 시간만 지나도 녹아내리지요. 그 시간 동안 주름 안에 포자를 다 퍼뜨리겠지요?

먹물버섯. ⓒ최원형.

이렇게 짧은 시간만 존재하는 버섯에 곤충이 깃들기란 어려워요. 그래서 땅에서 자라는 주름버섯류에는 일부 곤충만 잠깐 찾아와서 숨거나 허기를 보충합니다. 한편 나무에 붙어 피는 버섯은 자루가 없고 주름도 없는 민주름버섯류입니다. 영지버섯을 떠올려 보세요. 갓은 반원형이 많아요. 단단해서 잘 썩지도 않고 나무의 양분을 먹고 살아서 그런지 나무처럼 질기고 딱딱해요.

먹고 먹히며 순환하는 게 생태계의 기본 원리입니다. 버섯이 있으니 그것을 먹는 동물이 있고요. 달팽이는 축축한 곳에 사는 동물이라 버섯이 좋아하는 환경과 서식지가 겹쳐요. 민달팽이나 달팽이류가 버섯을 갉아 먹습니다. 버섯을 먹고 사는 딱정벌레도 있어요. 딱정벌레목 버섯벌렛과로 지구에 3,500여 종, 우리나라에는 33종이 보고되고 있어요. 버섯벌레류는 애벌레와 어른벌레 모두 썩은 나무에서 자라는 담자균류의 자실체 그러니까 버섯을 먹거나 나무뿌리의 근균 등을 먹어요. 일부 버섯벌레의 어른벌레는 나무껍질 아래나 썩은 나무 속에서 겨울을 나고, 밤에 활동해요. 버섯에 살며 버섯을 먹는 벌레가 잘 알려지지 않은 까닭은 일단 크기가 작기 때문이에요. 줄점버섯벌레 크기는 3~4mm, 털보왕버섯벌레가 15mm 정도 되고 버섯벌레 가운데 최대 크기는 25mm라고 합니다. 버섯에 곤충이 살고 있다는 걸 알게 된 건 고오람왕버섯벌레를 발견하면서였어요. 루페로 들여다보니 그 작은 곤충도 검정 바탕에 주홍색 무늬가 화려하게 있어서 더 놀랐어요. 모라윗왕버섯벌레도 고오람왕버섯벌레와 비슷해요. 노랑테가는버섯벌레는 딱지날개에 밝은색의 띠 무늬가 관찰됩니다. 곤충을 보는 이들은 이 무늬의 차이로 구분합니다.

거저릿과의 르위스거저리도 버섯에서 만날 수 있어요. 크기는 6~7mm로 루페가 있다면 아름다운 등딱지 무늬도 볼 수 있을 겁니다.

고오람왕버섯벌레. ⓒ최원형.

🎈 더 알아보기

곰팡이를 기르는 가위개미

가위개미는 지구상에서 가장 크고 복잡한 사회를 만드는 동물입니다. 가위개미 군집 하나에 수백만 마리의 개미가 속해 있고 지하 개미굴은 수십 미터에 이를 정도로 규모가 어마어마합니다. 가위개미는 굴방에서 나뭇잎 조각을 먹여 기른 곰팡이를 먹고 살아요. 신선한 잎을 가위처럼 잘라서 잎에 곰팡이를 키워 그것을 먹이로 삼는다는 거지요. 아프리카 대륙의 사하라 사막 남쪽 지역에 사는 바퀴벌레목 아프리카 흰개미도 버섯을 길러 먹어요. 곤충의 배설물을 비료로 사용하고요. 아프리카 흰개미는 버섯을 효과적으로 재배하려고 6m 높이의 공동주택을 지어요. 사람으로 치면 180층짜리 초고층 빌딩에 해당하는 높이에요. 여기엔 통풍관, 굴뚝 등 실내 온도를 조절하는 설비까지 들어차 있다고 해요.

질문으로 시작하는 생태 감수성 수업

9월

윙~~

윙~~

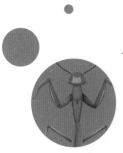

사마귀와 잠자리, 최고의 사냥꾼들

"사마귀는 짝짓기하는 동안에도 수컷을 잡아먹는다고?"

세모꼴 머리, 툭 튀어나온 눈을 하고 낫처럼 구부러진 데다 톱니가 촘촘히 나 있는 긴 앞다리로 풀숲에 가만히 숨어서 지나가는 곤충을 순식간에 낚아채는 곤충은 사마귀입니다. 사마귀는 머리를 왼쪽, 오른쪽으로 마음대로 움직일 수 있고, 배 윗부분을 비틀어서 옆을 볼 수도 있으니 사냥에 유리할 수밖에 없어요. 옛 문헌에 보면 사마귀를 '버마재비'라고 불렀어요. '범'은 호랑이를 '아재비'는 아저씨를 뜻하는 합성어로 버마재비는 호랑이 아저씨란 뜻이지요. 옛사람들은 사마귀를 호랑이만큼이나 사납고 무서운 곤충이라 여겼나 봅니다. 어릴 적 채집한 여러 곤충을 한 통에 넣어 두고 다음 날 들여다봤을 때 사마귀만 남아 있던 황당했던 기억도 버마재비란 명칭에 공감하게 해요.

사마귀라고 해서 태어나면서부터 사납고 포식성 강한 곤충

사마귀. ⓒ아사달(공유마당).

인 건 아니에요. 애벌레 시절에는 진딧물이나 개미 같은 작은 벌레를 먹다가 점점 몸이 커지면서 그에 걸맞게 큰 곤충을 먹습니다. 다 자란 사마귀는 작은 개구리도 더러 잡아먹을 수 있을 정도로 포식성이 커져요. 사람들은 사마귀에게 포악하다는 수식어를 붙이곤 합니다. 짝짓기하는 동안 암컷이 수컷을 잡아먹는다는 이야기까지 들으면 사마귀에 대한 반감이 더 커지죠. 정말 이해할 수 없는 곤충이란 생각이 들기도 해요. 그런데 '이해할 수 없다'는 건 인간의 관점입니다. 사마귀가 어떤 맥락에서 왜 그런 행동을 하는지 사마귀의 생태를 이해할 필요가 있어요.

모든 사마귀가 짝짓기하는 동안 수컷을 반드시 잡아먹는 건 아니에요. 암컷 사마귀의 페로몬을 맡은 수컷 사마귀가 짝짓

사마귀 알집. ©최원형.

더 알아보기

사마귀 알집

사마귀 암컷은 짝짓기한 뒤 풀줄기나 나뭇가지, 나무줄기나 돌 틈 또는 바위 밑 적당한 곳을 찾아 알을 낳아요. 배 끝에서 나오는 크림처럼 끈적끈적한 하얀 거품을 적당한 곳에 붙인 뒤 그 속에 산란합니다. 알집은 공기와 섞여서 탄력이 있고 따뜻해요. 가을에 알집을 만들면 알은 그 속에서 겨울을 지내고 따뜻한 봄에 부화합니다. 우리나라에 사마귀는 모두 여덟 종이 있다고 알려져 있는데 사마귀 종류에 따라 알집 모양이 달라요. 왕사마귀 알집은 둥글고 볼록하고 좀사마귀 알집은 주름이 있고 길쭉한 데다 양쪽 끝이 뾰족해요. 그냥 '사마귀' 알집은 길쭉하고 네모납니다.

기하려고 암컷에게 다가가는데 이때를 조심해야 해요. 사마귀는 움직이는 것은 뭐든 잡아먹는 습성이 있거든요. 경험이 있는 수컷은 암컷 뒤에서 다가갑니다. 더 경험이 있는 수컷이라면 암컷이 먹이를 먹어서 배가 불렀을 때 다가가지요. 먹이를 먹고 난 암컷은 수컷을 잡아먹지 않아요. 그런데 암컷은 왜 수컷을 잡아먹을까요? 미국과 호주의 연구자들이 〈영국 왕립학회보 B 생명과학(Proceedings of the Royal Society B)〉에 발표한 논문에 따르면 짝짓기 도중 수컷을 잡아먹은 암컷과 그렇지 않은 암컷이 낳은 알을 비교했더니 수컷을 잡아먹은 암컷이 알을 더 많이 낳고 알에서 태어난 새끼들의 생존율도 더 높았다고 해요. 짝짓기를 마친 암컷은 나무줄기나 풀줄기 등에 거품을 내고 알집을 만든 뒤 죽어요. 사마귀는 1년 살이라 결국 다 죽는데 수컷을 잡아먹고 낳은 알이 더 튼튼하다면 암컷 사마귀의 행동을 사마귀의 삶으로 이해할 수 있지 않을까요?

잠자리는 어떻게 뛰어난 사냥꾼이 되었을까?

흔히 곤충계의 포식자 하면 사마귀를 떠올리지만 사마귀는 비행에 능숙하지 않아 사냥에 한계가 있어요. 육지와 바다를 통틀어 사냥할 때 최고의 성공 기록을 지닌 동물은 잠자리입니다. 잠자리는 95%의 사냥 성공률을 보유한 동물로 가히 동물계 최고의 사냥꾼이라 할 만합니다. 그렇다면 잠자리는 어떻게 이토록 경이로운 기록을 세울 수 있었을까요?

미국의 한 연구팀이 특수 센서를 잠자리 머리와 몸통, 날개에 부착하고 잠자리가 먹이를 잡는 장면을 고속 촬영했어요. 야구 선수가 날아오는 공의 방향을 예측하고 달려가 공을 잡듯이 잠자리도 그렇게 먹잇감을 낚아채는 장면이 포착되었지요. 그저 먹잇감을 쫓는 게 아니라 이동 경로까지 예측하면서 먹이 사냥을 한다는 거예요. 에너지를 적게 소비하는 무척 효율적인 사냥법으로 새나 포유류라면 이렇게 경로를 예측할 수 있지만 곤충에겐 거의 드문 일입니다. 그렇다면 잠자리는 어떻게 이런 사냥이 가능한 걸까요?

가능할 수 있었던 첫 번째 비결은 잠자리의 비행 능력입니다. 보통 곤충은 가슴 근육으로 날갯짓을 해요. 날개를 직접 움직이는 게 아니라 날개가 부착된 가슴 근육으로 날개를 간접적으로 펄럭이는 거죠. 그런데 잠자리는 날개마다 근육이 붙어 있어요. 그러니까 날개를 따로따로 움직일 수 있다는 얘기입니다. 이런 날개의 특성 덕분에 급선회, 급상승, 제자리 비행 등 상하좌우 자유자재로 비행이 가능하다고 해요. 이런 능력은 날아다니는 모든 동물 가운데 최고입니다. 또 잠자리 날개에는 맥이 있어요. 날개를 측면에서 보면 평평하지 않고 울퉁불퉁한 모양을 띠는데 이 공간들 사이로 공기가 흐르며 양력이 발생해서 장시간 비행이 가능하다는 주장도 있어요. 인도에 사는 된장잠자리가 12월에 북동풍이 불면 바람을 타고 몰디브를 거쳐 아프리카까지 2,000km가 넘는 거리를 날아가는 것도 바로 이런 날개 구조 덕분이라고 해요.

두 번째는 시각입니다. 잠자리 머리의 대부분을 차지하고 있는 겹눈은 3만 개의 낱눈으로 구성돼 있어요. 낱눈 하나하나를 확대해 보면 모두 육각형 모양을 하고 있는데 각각이 렌즈 역할을 합니다. 머리 위쪽에는 홑눈이 세 개 있어서 움직이는 물체를 감지할 수 있는 데다 잠자리 머리는 회전 반경이 커서 놓치는 부분이 거의 없어요.

또 잠자리 머리에 붙은 짧은 더듬이는 후각 기능까지 갖추었어요. 더듬이 안에 있는 수많은 구멍에 분포한 감각 센서가 냄새 분자를 감지한다는 연구가 있어요. 다리에는 가시와 털이 많이 나 있고, 여섯 개 다리를 가지런히 하면 바구니 모양이 되는데 걸을 수는 없으나 먹잇감을 움켜쥐기에 최적의 형태지요. 뛰어난 비행 기술이 있으니 걸을 필요가 없고 날카로운 턱으로는 먹잇감을 씹어 먹어요. 이렇게 겸비한 신체 능력에다 먹잇감의

 **더 알아보기**

잠자리는 애벌레도 포식자일까?

될성부른 나무는 떡잎부터 다르다지요? 수채 또는 학배기로도 불리는 잠자리 애벌레는 물속 생활을 하는데 기다란 아랫입술을 갖고 있어요. 레이비엄 또는 죽음의 입술이라고도 불려요. 평소에는 입술을 접고 있다가 먹잇감이 나타나면 입술을 쑥 빼서 순식간에 낚아챕니다. 니은 자로 뻗었다가 수평으로 펴지는 이 입술의 양 끝에는 갈고리가 부착돼 있어 먹잇감을 한번 잡으면 놓치는 법이 없어요. 이런 필살의 무기로 애벌레는 자기보다 훨씬 큰 먹잇감도 잡아서 씹어 먹습니다. 잠자리는 성충이든 유충이든 굉장한 포식자임에 틀림없어요.

이동 경로까지 예측하니 어떻게 뛰어난 사냥꾼이 되지 않을 수 있을까요? 뛰어난 비행술을 가진 잠자리의 생체 구조를 모방해 로봇을 만드는 연구가 많이 진행되고 있지만 눈에 띄는 진척은 아직 없어요. 수억 년에 걸친 진화의 결과물을 따르기엔 인간의 최신 기술도 아직은 부족한 것 같지요?

명주잠자리 애벌레는 왜 물속이 아닌 땅속에 있을까?

잠자리 애벌레는 물속에서 생활합니다. 그런데 개미귀신이라고도 불리는 명주잠자리 애벌레는 물속이 아닌 땅속에 살아요. 흙 속에 깔때기 모양의 작은 함정을 파 놓고 떨어지는 먹이를 잡아먹으며 살지요. 이 함정을 개미지옥이라고 해요. 산비탈이나 강가, 바닷가 모래밭에 주로 만듭니다.

명주잠자리는 풀잠자리목에 속하는 잠자리로 생김새는 잠자리와 비슷하지만 생태는 달라요. 너풀거리는 날개는 힘이 없고 앉을 때는 날개를 배 위에 붙여요. 애벌레로 겨울을 나고 흙 속에서 번데기 상태로 20일쯤 있다가 나와 풀줄기로 기어 올라가 날개돋이를 하지요.

풀잠자리도 명주잠자리와 마찬가지로 풀잠자리목에 속해요. 몸집이 작고 풀빛인데 날개를 만져 보면 명주처럼 부드러워요. 느리게 날고 앉을 때 명주잠자리처럼 날개를 접고 앉아요. 사냥 천재인 잠자리가 날개를 펴고 앉는 것과 비교되지요. 풀잠자리도 물속이 아닌 풀잎이나 나뭇잎, 꽃에 알을 낳아요. 애벌레도 그곳에서 살고요. 풀잠자리 애벌레는 진딧물, 응애, 깍지벌레 등 농작물에 해를 끼치는 작은 벌레를 먹고 살아요. 그래서 진딧물이 많이 생기는 가지, 고추, 오이, 토마토 밭이나 하우스에 풀잠자리 애벌레를 넣어 주기도 해요. 농사에 이로움을 주는 곤충으로 여겨지지요.

봄부터 가을까지 계곡이나 물가에 가면 온몸이 검은 잠자리가 있어요. 물잠자리인데요. 우리나라에는 물잠자리와 검은물

더 알아보기

실처럼 가는 실잠자리는 잘 날 수 있을까?

실잠자리도 물잠자리류나 풀잠자리류처럼 날개를 접고 앉아요. 이름처럼 몸이 실같이 가늘고 긴 데다 날개 힘도 약해요. 그렇다 보니 낮게 날거나 물 위에 떠 있는 풀잎이나 나뭇가지에 앉는 일이 많고 바람이 불면 떠밀려 다니기도 해요. 실잠자리는 잘 날지는 못하지만 후진하는 기술을 가지고 있어요. 그래서 벼나 억새 같은 풀 사이사이 좁은 곳에서도 날아다닐 수 있어요. 애벌레 시절을 물속에서 보내는데 물벼룩 같은 작은 물벌레를 잡아먹어요. 애벌레도 몸이 가늘어요. 성충이 되면 날파리, 하루살이 등 작은 날벌레를 먹고 살아요.

잠자리 두 종류의 물잠자리가 살아요. 명주잠자리, 풀잠자리처럼 날개를 접고 앉아요. 애벌레 시절을 물속에서 지냅니다.

같은 종의 생물일지라도 오랜 시간 다양한 환경에 적응하며 진화를 거듭하는 과정에서 완전히 딴판인 생물로 변하기도 해요. 생물종을 분류하다 보면 명확하게 선을 긋는 일이 거의 불가능할 때가 있어요. 오죽하면 물고기를 분류하던 이들이 "물고기는 존재하지 않는다"는 말을 했을까요?

이렇게 뛰어난 능력을 지닌 잠자리를 잡아먹는 동물도 있을까?

당연히 있지요. 사마귀는 풀숲에 움직이지 않고 숨어 있어 잠자리가 눈치채기 어려워요. 거미가 쳐 놓은 줄에 걸리면 살 방법이 거의 없고요. 또 새는 최고의 곤충 포식자입니다. 열매 등 식물성 먹이만 먹는 새도 새끼를 기르는 육추 기간에는 새끼에게 먹이려 곤충을 엄청나게 잡아요. 잠자리는 뛰어난 사냥꾼이어서 먹이로 삼기 쉽진 않겠지만요. 우리나라를 지나가는 나그네새인 비둘기조롱이는 매우 빠른 속도로 비행하는 새로, 잠자리를 잡아먹는 새로도 알려져 있어요. 조류 가운데 잠자리 사냥의 달인이지요. 가을 무렵 번식을 마치고 돌아가는 길목에 우리나라에 잠

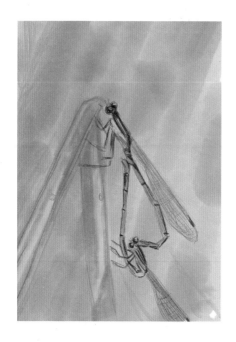

짝짓기하는 실잠자리들. ⓒ최원형.

시 들르는데 이때 잠자리를 사냥해요. 잡힌 잠자리가 안타깝기도 하지만 비둘기조롱이의 사냥술도 굉장하다는 생각이 들어요.

잠자리는 애벌레 시절을 물속에서 보낸 뒤 성충이 되어 뭍으로 날아가 살지만 알을 낳을 때가 되면 다시 물가로 돌아옵니다. 짝짓기하고 알을 물 위에 치듯이 낳는 잠자리도 있고 물풀줄기에다 낳는 잠자리도 있어요. 그때가 잠자리가 수면 가까이 있는 시간이지요. 이렇게 짝짓기하고 산란하느라 수면 가까이 온 잠자리를 끄리라는 포식성 강한 물고기가 사냥합니다. 물속에서 잠자리 이동 방향을 주시하다가 잠자리가 낮게 나는 순간 수직

혹은 대각선으로 뛰어올라 낚아챕니다. 잠자리가 혼자 날고 있었다면 끄리의 사냥은 거의 실패했을 거예요. 그런데 짝짓기를 하느라 두 마리 잠자리가 붙어 있을 땐 아무래도 덜 민첩한 데다 수면 가까이 내려와 있어서 무방비 상태가 아니었을까 싶어요. 생물들이 살아가는 모습을 알면 알게 될수록 다양한 생존법에 놀랍니다. 물 밖에서 짝짓기하는 잠자리를 사냥하는 물고기, 놀라운 진화라 하지 않을 수 없어요.

지의류, 지구의 옷

"얼룩덜룩한 게 이끼가 아니라고?"

바위, 나무줄기나 둥치, 땅 위로 드러난 나무 뿌리 위로 회녹색, 올리브색, 더러 주황색이나 노란색으로 얼룩덜룩한 무늬를 본 적 있을 거예요. 고찰에 있는 석탑, 고택의 기왓장, 돌담에서도 볼 수 있는데요. 막연히 이끼라고 생각하기 쉬운 이것의 정체는 지의류입니다. 이끼와 혼동할 수밖에 없는 게 땅이든 바위든 나무든 뒤덮으며 자라는 이끼와 닮았거든요. 하지만 이끼는 잎이 있는 양치'식물'인데 지의류는 잎이 없는 균류 공생체입니다. 지의류는 '땅의 옷'이라는 뜻의 한자어입니다. 땅의 옷이라 불릴 만큼 지구 전체에 지의류가 살지 못하는 곳은 없어요. 고산지대부터 건조한 사막, 남극과 북극에도 지의류가 살아요. 2016년 러시아 우주선인 소유즈의 귀환 모듈이 돌아왔을 때 우주선에서 우주비행사 세 명이 지의류와 함께 내렸어요. 지의류는 국제우주정거장 외벽에 설치된 선외 실험 플랫

쓰러진 나무 위의 지의류.

폼에서 생물 표본을 외계 환경에서 배양하는 실험에 쓰였는데,
태양복사로부터 손상을 막아 줄 어떤 장치도 없이 **우주선(宇宙線)**♥
을 흠뻑 맞고도 살아남았어요.

　　지의류는 어떤 척박한 환경에서도 살아남을 수 있는 강인
함을 지니고 있어요. 지구 표면적의 8%를 덮고 있으며 열대우
림이 덮고 있는 면적보다 더 넓은 면적에 살고 있지요. 그렇다면
지의류는 식물일까요? 지의류는 하나의 독립된 개체가 아니라
미세조류와 곰팡이의 공생체입니다. 지의류의 존재를 처음 밝힌
사람은 스위스 식물학자인 시몬 슈벤데너(Simon Schwendener)로

♥　우주에서 끊임없이 지구로 내려오는 매우 높은 에너지의 입자선을 통틀어 이르는 말.

그는 이끼류의 구조를 조사하다가 지의류가 곰팡이와 조류로 구성된 이중 유기체임을 발견합니다. 그러나 당시 이끼를 연구하는 학자들로부터 강한 저항을 받아요. 곰팡이가 자기의 이기적인 목적을 위해 조류를 노예로 부리고 있다는 건 말도 안 된다며 진화론자들로부터도 공격을 받습니다. 추후 식물학자들의 연구로 결국 지의류의 존재가 밝혀졌고 지의류 국제학회(International Society for Lichenology, ISL)는 1982년에 지의류를 "균류와 하나 이상의 광합성 파트너(광 생물체) 사이의 안정적인 상호 연합"이라고 규정했어요.

지의류는 곰팡이 균사가 조류를 뒤덮으며 조류 안으로 얽혀 들어가 있는 구조예요. 광합성을 할 수 있는 조류는 균사로부터 광합성에 필요한 물과 무기염류 등을 공급받고, 균사는 조류가 광합성을 해서 만든 당을 공급받는, 상호 유기적인 시스템으로 이루어진 연합체입니다. 어쩌면 당시의 반응은 당연하다는 생각이 들 수밖에 없는 게 어떻게 서로 다른 생명체가 독립적이지 않은 상태로 얽힌 채 존재할 수 있느냐는 거지요. 각각의 생명체는 스스로 고군분투하며 살아남으려는 과정을 통해 진화하는데 어떻게 다른 생명을 노예처럼 부리느냐는 진화론자들의 반발도 이해가 되지 않나요? 그런데 노예라는 표현은 사실 과한 표현입니다. 조류가 곰팡이에게 당을 주는 대신, 조류는 곰팡이 덕분에 땅에 뿌리 내리지 않고도 광합성을 할 수 있고 고체 표면에 부착이 가능하니까요. 곰팡이는 조류를 감싸서 보호하는 역할도 해요.

복합체라고 해도 분류를 위해 소속이 필요한데요. 지의류 분류는 공생하고 있는 곰팡이를 기준으로 합니다. 그래서 분류학적으로는 지의류가 곰팡이에 속해요. 조류와 합체해 지의류가 되는 곰팡이는 자낭균과 담자균 이렇게 두 종류이고요. 서식지와 모양에 따라 분류가 달라지는데요. 가령 돌에 자라면 암생, 나무 표면에 자라면 수피생, 잎에 자라면 엽생 이런 식으로 다양하게 분류하고 있어요. 조류와 곰팡이는 따로 살아가기도 하지만 지의류를 이루는 조류와 곰팡이를 떼어 놓으면 자연조건에서는 대부분 살지 못해요.

지의류가 없어지면 순록도 사라질 거라고?

우리가 북극 하면 떠올리는 빙산과 북극곰은 북극해 풍경입니다. 북극에는 바다와 함께 타이가, 툰드라와 같은 육상 생태계가 있어요. 침엽수림처럼 큰 나무들이 숲을 이루는 곳이 타이가라면 툰드라는 혹독한 환경으로 관목을 제외한 큰 나무가 자랄 수 없는 동토입니다. 툰드라는 지구에서 북극과 남극 그리고 히말라야와 같은 고봉의 정상 부근에 형성됩니다.

《피터 래빗》과 석이버섯

우리가 먹는 음식에도 지의류가 있어요. 대표적인 게 석이버섯입니다. 《피터 래빗》의 작가인 베아트릭스 포터는 동화 작가이기도 했지만 그 이전에 과학자였어요. 식물에 관심이 많은 데다 뛰어난 관찰력으로 다른 사람들이 보지 못하는 것을 보는 눈이 있었다고 해요. 석이버섯을 관찰하던 포터는 아무리 봐도 단일 생명체가 아니라 서로 다른 두 종이 얽혀 있는 공생체라는 걸 발견하고 이를 밝히는 논문을 1897년 학회에 보냅니다. 그런데 학회로부터 인정은커녕 "불경스러운 헛소리"라는 힐난을 들어요. 남녀 차별이 심하던 시대였던지라 여성 과학자의 논문이라는 점에서 이미 호감을 잃은 데다 받아들이기 어려운 주장이었기 때문입니다. 이에 포터는 큰 상처를 입어 식물 연구를 더 이상 하지 않고 자신의 또 다른 재능을 발휘해서 오래도록 세계인의 사랑을 받는 명작을 탄생시키지요. 《피터 래빗》 그림책 1권 본문에 가장 먼저 등장하는 삽화는 토끼 삼형제가 엄마와 함께 큰 전나무 뿌리 아래 굴속에서 빼꼼 얼굴을 내민 장면입니다. 그런데 땅 위로 드러난 나무뿌리 위로 올리브색 지의류가 보여요. 《피터 래빗》 그림책에서 지의류를 찬찬히 찾아보세요. 포터의 마음이 느껴질지도 몰라요. 아참, 지의류 국제학회는 100년이 지난 1997년 베아트릭스 포터에게 정식으로 사과 성명을 발표했어요.

다시 그려 본 《피터 래빗》 그림책 속 삽화. ⓒ최원형.

환경이 척박해도 북극에는 북극곰을 비롯해 순록, 사향소, 북극여우, 북극토끼, 레밍 등 종수는 다양하지 않지만 많은 개체 수의 동물이 살아요. 겨울에 우리나라로 오는 기러기나 도요새가 여름을 북극에서 보내지요. 그리고 북극에는 3,000여 종의 식물도 살아요. 북극에 사는 작은 나무들은 대개 빙하기 때 살던 나무들입니다.

북극에 사는 동물들의 주요 먹이는 지의류입니다. 지의류는 어디에나 있으니까요. 탄수화물과 당이 풍부한 지의류는 특히 순록이 아주 좋아하는 먹이랍니다. 겨울철 순록 먹이의 60~70%가 지의류예요. 순록은 다른 동물과 달리 지의류를 소화시킬 수 있는 장내 미생물을 가지고 있어요. 그런데 북극권 기온 상승으로 지의류에 문제가 생기기 시작했어요.

지구에서 기온 상승이 가장 빠르고 높은 지역이 북극권입니다. 지난 30년 동안 북극의 대기든 표면이든 땅속이든 바다든 온도가 다 올라가고 있어요. 우리나라도 그렇지만 봄이 일찍 오고 여름이 길어지다 보니 눈이 적게 내려 눈 덮이는 기간이 짧아져요. 이렇게 되면 눈이 빛을 반사하는 양이 줄어드는 양의 되먹임 현상으로 북극권 기온이 더 올라가게 되지요. 그로 인해 북극의 환경도 급격한 변화를 맞고 있는데요. 타이가 숲의 식물들이 계속 위쪽으로 올라오면서 툰드라가 줄어들고 있어요. 툰드라였던 곳이 숲으로 바뀌는 일이 노르웨이 핀마르크고원을 비롯한 툰드라 지역에서 벌어지고 있고요. 툰드라에는 '세아나시'가 있어요. 한겨울 기온이 영하 40~50도까지 내려가면서 수분이 전혀 없는 상태의 눈 결정이 쌓여 이룬 눈 덩어리를 이르는 말인데요. 세아나시는 양탄자처럼 땅을 덮어서 순록의 먹이가 되는 지의류를 보호해요. 순록은 뿔, 발굽, 주둥이로 눈을 걷어 내고 지의류를 먹어요. 그런데 기온 상승으로 세아나시가 녹아내려 그 아래에 있던 지의류가 짓뭉개졌다가, 다시 기온이 하강하며 세아나시가 얼어붙어 순록이 지의류를 먹을 수 없게 되는 일이 발생했어요. 냉동실의 음식이 해동과 냉동을 반복했을 때를 떠올려 보세요. 결국 러시아 툰드라지대인 야말반도에서 2013년과 2017년에 순록 수만 마리가 굶어 죽었어요. 노르웨이 핀마르크 고원 툰드라에서는 130년 동안 겨울 기온이 영상으로 올라갔던 적이 세 번 있었는데 그중 두 번이 짧은 시간차를 두고 일어났어요. 그뿐인가요? 북극 시베리아에는 산불 발생마저 잦아요. 순록만 문제일까요? 북극권에서 살아가는 사람들의 삶에도 큰 변화가 생기고 있지요.

최근에 지의류 연구가 왜 활발해질까?

지의류의 강인함이 때론 단점이 될 때도 있어요. 척박한 상황에서 살다 보니 이것저것 가릴 수 있는 처지가 아니어서 대기 오염 물질도 흡수합니다. 대로변에 있는 가로수에서 지의류가 잘 살지 못하는 이유이기도 합니다. 이렇다 보니 지의류가 대기 오염을 측정하는 지표종이 되었어요.

최근에는 지의류가 만드는 2차 대사산물에 관심이 쏟아지고 있어요. 다른 생물체에서는 발견되지 않는 굉장히 희귀한 천연 물질이거든요. 이런 물질들을 신약 개발에 쓸 수도 있어요. 생물 다양성이 중요한 이유이기도 해요. 인류의 질병을 치료할 새로운 의약품 개발에 다양한 생물의 성분이 쓰일 수 있는데 생물종 자체가 줄어들면 어디서 그런 성분을 구할 수 있을까요? 지의류는 미세먼지를 줄이는 역할도 해요. 미세먼지가 발생하는 중국의 사막 지역에는 토양 표면에 딱딱한 층들이 형성돼 있어요. 이걸 생물 토양 피막이라고 하는데 주성분이 남조류와 지의류입니다. 이렇게 토양 표면에 피막이 씌워져 있으면 모래 입자가 날리는 걸 막을 수 있지요. 미세먼지 발생을 억제하는 데 지의류를 이용하는 방법이 가능하다는 얘기입니다.

지의류가 꼭 있어야 하는 또 하나의 이유는 뭘까요? 오래된 궁궐이나 절을 복원했을 때 겉모습은 복원이 돼도 뭔가 2%

부족한 느낌이 들 때가 많아요. 지의류가 있다면 완전했을 풍경이지 않을까요? 건물은 복원할 수 있지만 오랜 시간의 흔적인 지의류를 당장 복원하는 일은 불가능한 거지요. 지의류는 우리에게 여러 이익을 주지만 그중 가장 큰 이익은 무엇일까요? 태초에 식물 이전에 흙이 생겼죠. 우리는 흙을 떠나 살 수가 없어요. 바로 그 흙을 이끼와 함께 지의류가 만들었어요. 지의류가 만들어 낸 흙 덕분에 녹색식물이 육상에서 본격적으로 번성하기 시작했고 오늘날 생태계가 형성된 거예요. 보통 진화는 계속 쪼개지고 갈라지면서 분화를 거듭하는데 지의류는 두 생명체의 결합을 통해 생겨났으니 진화의 역사에서 예외인 셈입니다. 경쟁이 아닌 협력을 통해 다양한 생명체들의 터전을 일구었어요.

말벌, 질병과 병해충 전파를 막는 역할

"벌을 다 잡아먹고 사람의 생명을 위협하는데도
말벌을 보호해야 할까?"

말벌이 가장 왕성하게 활동하는 시기는 벌이 동면에 들기 전인 8월 말부터 10월까지입니다. 그런데 이 시기에 추석이 있어요. 일 년에 한 번 벌초하는 시기랑 맞물려서 말벌에 쏘였다는 뉴스가 뜨곤 하지요. 말벌은 꼭 벌초 시기가 아니어도 사람에게 큰 신체적 피해를 입히는 동물임에는 틀림없어요. 소방청에 따르면 벌집을 제거하느라 출동하는 건수가 해마다 늘고 있어요. 숲에 갔다가 장수말벌이 뱀허물쌍살벌집을 터는 장면을 눈앞에서 목격한 적이 있어요. 장수말벌 한 마리가 벌집 안에 있는 애벌레들을 꺼내 우적우적 씹어 먹는데 쌍살벌들은 모두 벌집 뒤로 몰려가 아무런 저항도 못 하고 숨어 있더라고요. 그땐 저 벌들이 뭉쳐서 싸운다면 장수말벌 한 마리쯤은 물리칠 텐데 하는 생각을 했어요.

말벌 연구자에 따르면 장수말벌 한 마리가 30분이면 몇천

사람과 비교하면 한없이 작은 말벌. ©최원형.

마리의 꿀벌을 죽일 수 있다고 하니 그때 왜 쌍살벌들이 그렇게 두려워했는지 이해가 갔어요. 장수말벌은 턱에서 나오는 강한 힘으로 곤충의 가장 약한 부위를 잘라 버려요.

그런데 장수말벌이 침입한 벌집에서 말벌을 퇴치하는 꿀벌들도 있어요. 어떻게 그게 가능할까요? 꿀벌 여러 마리가 장수말벌을 에워싸고 날갯짓을 하며 열을 내요. 꿀벌은 48~50도까지 버티는데 말벌은 46도만 되어도 위태로워져요. 꿀벌들이 계속 날갯짓하면서 열을 내면 말벌은 안에서 쪄 죽어요. 오랫동안 함께 살아오면서 꿀벌들도 나름의 방어기제를 발달시킨 걸로 보입니다. 먹고 먹히는 관계를 바라보는 관점이 균형을 유지하려면 생태 감수성을 길러야 해요. 어떻게 기르냐고요? "뱀허물쌍살벌집을 털어먹었으니 장수말벌은 나쁜가?" 하는 질문을 해 보는 거지요. 질문에서 우리는 균형을 찾아갈 거예요.

말벌이 벌통에 침입하는 건 애벌레에게 먹일 먹이를 구하려는 겁니다. 살아 있는 생명체의 본능이지요. 양봉하는 곳에는 꿀벌이 많이 있어요. 말벌의 입장에서 보면 먹이를 구하기에 더없이 좋은 장소입니다. 자연 상태에서 그토록 많은 꿀벌이 모여 있는 곳은 없잖아요? 양봉하는 입장에서는 말벌이 철천지원수지만 관점을 생태계로 확대해서 보면 꿀벌을 한곳에 집단으로 모아 놓은 게 자연스러운 형태는 아닙니다. 그렇다고 양봉장에 들어온 말벌을 그대로 둬도 된다는 얘긴 아니에요. 다만 말벌집을 찾아다니며 없애는 행위가 정당화될 순 없다는 거지요.

말벌은 언제나 사람을 공격할까요? 말벌이 다른 벌보다 아무리 커도 사람과 비교하면 손가락 하나만도 못한 크기입니다. 말벌이 거대한 생물체인 인간을 공격하는 건 자기 집과 새끼를 지키기 위해서지요. 사람들은 주변에 벌집이 있는 줄도 모르고 가까이 갔을 뿐이지만 말벌 입장에서는 공격의 의미로 이해한 것입니다. 그저 방어하느라 사람을 쏜 거예요. 누구도 잘못한 건 아닌데 결과적으로 벌에 쏘인 사람은 엄청난 고통을 겪거나 때로 목숨을 잃기도 하지요. 이런 문제가 벌어지지 않으려면 어떻게 해야 할까요? 말벌을 없애는 게 최선일까요? 벌이 많이 움직이는 계절에는 활동하는 장소에 벌이 보이는지 확인하는 습관이 필요할 것 같아요. 말벌은 나무나 처마 밑에도 집을 짓고 썩은 나무 밑 땅속에도 집을 지어요. 인간을 중심에 두고 우리를 괴롭히는 모든 생명체를 다 없앤다는 것만큼 어리석은 일은 없을 겁니다. 왜냐하면 그 생명체 역시 확장하면 '나'이니까요.

외래종 등검은말벌, 생태계 교란 생물 지정

2003년부터 우리나라에는 없던 외래종인 등검은말벌이 등장했어요. 중국 남부 저장 성 일대가 원산지인데 부산에서 처음 발견된 이후 지금은 제주도를 제외한 전국으로 퍼 졌어요. 꿀벌을 포식해서 양봉산업에 막대한 경제적 피해를 주고 있지요.

등검은말벌은 세계에서 가장 큰 벌집을 지어요. 그래서 토종 말벌보다 크기가 작은데 도 개체 수로 우위를 선점하게 되었어요. 이 때문에 토종 말벌이 줄어들고 등검은말벌과 토종 말벌의 교잡종이 나오는 상황까지 벌어지면서 생태계 교란이라는 문제가 발생 했어요. 이에 환경부는 2019년에 등검은말벌을 생태계 교란 생물로 지정했어요.

최근 들어 미국과 캐나다 등지에서 장수말벌이 발견되고 있어요. 장수말벌은 우리나 라에서는 곤충 생태계의 최종 소비자로 생태계 조절자 역할을 해요. 그런데 미국 으로 건너갔을 때는 외래종이 됩니다. 미국에서는 '아시아 거대 말벌(Asian Giant Hornet)'로 불려요. 미국에는 대형 말벌이 없으니 사실상 경쟁 종도 없어요. 등검은말 벌도 자기가 살던 곳에서는 나름의 생태적 지위를 갖고 살았겠지요? 낯선 땅에서 교 란종, 외래종이라는 불명예를 안게 되었으니 누가 원망의 대상이어야 할까요?

이렇게 무시무시한 말벌의 천적이 나방이라고?

2020년 국립수목원과 경북대 연구팀이 담비가 등검은말벌의 집을 공격하는 것을 학계 최초로 확인했어요. 담비의 분변을 수거해서 분석한 결과 담비가 장수말벌을 먹이로 삼는다는 걸 알게 되었지요. 또 은무늬줄명나방도 천적인 것으로 밝혀졌어요. 은무늬줄명나방은 등검은말벌의 집에 기생하는데 애벌레가 아니라 벌집을 갉아 먹는다고 해요. 벌집을 갉아 먹는데 애벌레나 번데기가 있으면 그것 역시 갉아 먹으며 뚫고 지나가고요. 벌집에 나방이 많이 기생하면 결국 벌집은 붕괴되겠지요. 무시무시한 등검은말벌의 천적이 작고 작은 나방이라니 너무 의외 아닌가요? 생태계의 균형은 이렇게 돌고 돌면서 맞춰지는 것 같아요.

벌매는 나그네새이며 드문 여름 철새입니다. 벌과 애벌레를 주로 먹어서 이름도 벌매입니다. 이름은 매이지만 맷과가 아닌 수릿과 조류예요. 북쪽에서 번식하고 월동지인 동남아시아 등 아열대 지역으로 오가는 길에 우리나라에 잠깐 들러요. 드물게 강원도나 경상도 산간 지역에서 번식할 때도 있어요. 땅벌이나 말벌의 둥지를 노리는 벌매는 개구리 같은 미끼를 이용해 땅벌을 유인한 뒤 땅벌의 뒤를 밟아 벌집을 찾아내는 뛰어난 지능이 있는 것으로 알려져 있어요. 벌매는 다른 맹금류 새들과는 달리 부리와 발이 튼튼하지는 않아요. 대신 더 날카롭고 예민하지요. 벌매의 부리는 벌집 속에 있는 유충을 꺼내기에 알맞도록 낚싯바늘처럼 날카롭게 구부러져 있고 발톱은 땅벌이나 말벌 둥지를 팔 수 있도록 발달돼 있어요. 벌매가 벌집을 털려고 하면 벌들이 떼로 몰려나와 공격하지만 쉽지 않아요. 벌매는 눈과 콧등을 제외하고 몸 전체가 물고기 비늘처럼 깃털이 촘촘하게 덮여 있어 마치 갑옷을 두른 것과 같거든요. 벌매의 깃털은 벌들의 어떤 독침도 막아 낼 수 있답니다. 벌매는 벌집을 찾으면 며칠을 두고 말끔히 먹어 치워요. 물론 벌만 먹는 건 아니고 개구리나 뱀도 먹지만 다른 수릿과 새들이 잘 건들지 않는 벌집을 터는 걸로 먹이 경쟁에서 비껴가도록 진화한 것 같아요. 벌매 말고도 담비, 오소리, 곰도 벌집을 털어먹지만 나무 꼭대기에 매달린 벌집을 터는 동물은 벌매가 유일해요.

말벌이 생태계에서 이로운 역할을 한다고?

말벌이란 말만 들어도 두려워하는 이들이 많아요. 인명 피해를 끼치는 동물이니까요. 특히 등검은말벌의 등장은 국제적으로도 화제가 될 정도입니다. 그런데 주로 사람을 공격하는 벌은 장수말벌과 땅벌 그리고 좀말벌 정도입니다. 전체 말벌을 대략 7만 5,000종으로 보고 있는데 이 가운데 67종의 말벌만 문제가 되고 있어요. 전체 말벌의 0.1%도 안 되는 말벌 때문에 말벌 전체가 악마화되고 있다는 거지요.

최근 많은 사람이 사는 도시로 말벌이 몰리고 있어요. 왜 도시로 몰려들까요? 도시 안에 공원, 가로수 등 다양한 녹지가 늘어난 데다 주변보다 2~3도 높은 기온 그리고 잦은 열대야로 말벌의 부화율이 높아지고 활동 기간이 길어졌기 때문이에요. 숲에는 천적과 기생벌이 있지만 도시에는 없어요. 그리고 음식물 쓰레기나 방치된 다디단 음료 찌꺼기까지 말벌에겐 더없이 좋은 환경이 도시입니다.

경북대학교 최문보 교수팀이 등검은말벌, 왕바다리 등 도시 말벌류의 먹이를 분석했더니 파리의 비중이 컸어요. 등검은말벌의 먹이 가운데 벌 종류는 45.8%이고 파리 종류는 44.3%를 차지했어요. 특히 도심에서 파리를 먹이로 삼은 비중이 컸어요. 말벌은 벌도 잡아먹지만 메뚜기, 딱정벌레, 파리 등을 잡아먹고 죽은 동물을 먹어 치우는 청소동물이기도 해요. 나방 애벌레를 사냥해서 산림 병충해의 대발생을 막아 주기도 하고요. 영국 유니버시티 칼리지 런던의 행동생태학자이자 곤충학자인 세이리언 섬너(Seirian Sumner) 박사는 과학 저널 〈생태 곤충학(Ecological Entomology)〉에 실은 논문에서 "해충 개체군 통제와 식물 수분과 같은 일을 수행하며 질병과 병해충 전파를 막아 주는 말벌의 생태학적 역할을 우리가 과소평가한다"며 소중한 자연 자본인 말벌에 대한 시민들의 인식 전환이 필요하다고 주장했어요.

자연에 존재하는 그 어떤 것도 우리가 과도하게 개입해서 없앨 권리는 없어요. 그 모든 것이 갖춰졌을 때 생태계는 균형을 유지할 테니까요. 우리가 말벌과 어떤 관계를 맺을지는 우리에게 달려 있어요. 왜 꿀벌은 우리 삶에 매우 중요한 톱니바퀴라면서, 꿀벌이 사라지면 인류의 미래도 곧 사라질 거라면서 말벌은 때려잡아야 할 대상으로 두나요? 말벌의 생태에 관해 더 많은 연구가 필요합니다. 우리가 꿀벌을 생각하는 것과 동등하게 말벌도 이야기되어야 하지 않을까요?

10월

◇ 거미와 놀라운 삶의 기술

'땅거미가 내린다'는 표현에서 땅거미는 실제 거미일까?

거미가 도마뱀을 들어 올릴 수 있다고?

날개도 없는 개미가 30km를 날아 이동한다고?

물속에 사는 거미도 있다고?

◇ 참나무, 수많은 생명을 품는 넉넉함

1936년 베를린 올림픽 금메달리스트들이 부상으로 받은 것은 무엇일까?

왜 크고 오래된 참나무는 드물까?

나무 가운데 참나무류가 가장 많은 생명을 품고 산다고?

◇ 낙엽, 자연으로 돌아갈 권리

기온이 올라가면 단풍색이 덜 선명해진다고?

그 많던 낙엽은 어디로 간 걸까?

낙엽이 의자가 된다고?

거미와 놀라운 삶의 기술

"'땅거미가 내린다'는 표현에서 땅거미는 실제 거미일까?"

가을은 거미 관찰이 재미있어지는 시기입니다. 특히 10월은 무당거미의 짝짓기 계절이지요. 거미도 말벌만큼이나 부정적인 이미지를 얻은 동물이에요. 거미가 지구상에 살기 시작한 건 대략 5~6억 년 전으로 추정하고 있습니다. 거미는 피부가 부드러워 화석으로 남아 있는 경우가 드물어서 추정만 할 따름이지요. 경남 사천시 축동면 구호리에 있는 진주층에서 발견된 거미 화석이 대략 1억 년 전 것으로 우리나라에서 가장 오래된 화석으로 보고되고 있습니다.

거미는 여덟 개나 되는 긴 다리에 온몸이 털로 뒤덮인 겉모습 그리고 엄니에서 분비되는 독으로 인해 혐오와 두려움의 대상이 되었어요. 지구 전체에 거미가 4만여 종 분포하고 우리나라에는 726종이 서식하고 있는 것으로 알려져 있는데 이 가운데 치명적인 독이 있는 거미는 30여 종으로 전체 거미 종수

의 0.01% 미만입니
다. 더구나 우리나라
에 사는 거미 가운데
타란튤라처럼 거대한
몸집이나 위험한 독
을 지닌 거미는 없어
요. 오히려 모기와 바
퀴벌레 등 여러 곤충을
잡아먹는 포식자로서 우리

화분 위 거미. ⓒ최원형.

에게 이로움을 줍니다. 농발거미 같은 큰 거미가 집에 한 마리만
있어도 바퀴벌레의 씨를 말릴 정도로 엄청난 포식성이 있거든
요. 꿀벌이 사라지는 건 걱정하면서 말벌은 없애야 한다고 생각
하는 그 맥락에서 거미를 생각해 보세요. 겉모습으로 우리가 오
해하고 있는 동물이 세상에는 대체 얼마나 많을까요?

해가 진 뒤 어스레한 상태를 이르는 순우리말이 '땅거미'
입니다. 해가 지니 땅이 검어진다는 의미로 이런 말이 생겼다고
하는데 거미 도감에도 땅거미가 나와요. 전 세계에 32종류의
땅거미가 있고 우리나라에는 그 가운데 고운땅거밋과에 속하는
땅거미 두 종류가 있다고 알려져 있어요. 땅거미는 바위나 나무
등이 땅과 닿는 부근에 전대그물이라는 터널 모양의 그물을 치
고 살아요. 일반적으로 알고 있는 방사형 거미줄과는 완전히 다

른 형태죠.

거미는 크게 거미줄을 치고 사는 조망성 거미와 돌아다니며 사는 배회성 거미로 나눕니다. 한국땅거미는 조망성 거미예요. 가장 흔하게 보이는 거미는 아무래도 커다란 거미줄이 눈에 띄는 거미겠죠. 우리나라에서 가장 큰 거미줄을 치는 산왕거미, 무당거미, 호랑거미가 조망성 거미에 해당합니다. 배회성 거미로는 야외에서 활동할 때 풀밭이나 낙엽이 쌓여 있는 숲 바닥 또는 논 주변에서 굴을 파 놓고 배회하는 늑대거미가 있어요. 늑대거미는 알주머니나 유충을 등에 달고 다니는 거미로 유명하지요. 사람들은 이런 모습을 두고 모성애를 거론하지만 그건 어디까지나 인간의 관점에서 해석하는 것일 뿐 거미에게는 세대를 잇는 방법에 불과하지요. 5월에서 8월 사이에 주로 볼 수 있으니 꼭 늑대거미를 만나 보길 바랍니다.

땅거미와 비슷하게 돌담의 틈이나 땅속 구멍 등 틈이 있는 곳에 굴 같은 그물을 치고 사는 깔때기거미가 있어요. 낮에는 집에 숨어 있다가 밤에 굴 입구에 다리를 걸치고는 지나가는 곤충을 잡아먹어요. 꽃에서 보호색을 띠고 기다리다가 벌이나 꽃등에, 무당벌레나 나비 유충, 매미충 등을 잡아먹는 게거미도 배회성 거미로 거미줄을 만들지 않아요. 그 밖에도 농발거미, 깡충거미 등이 배회성 거미에 속합니다.

눈 없는 거미

보통 거미는 눈이 여덟 개여서 몸집에 비해 시야가 넓어요. 그런데 눈이 없는 거미가 발견되었어요. 국립생물자원관 등 공동 연구팀이 우리나라에서 처음으로 눈이 아예 없는 신종 거미를 발견했거든요. 빛을 받으면 구슬처럼 에메랄드빛을 낸다고 한국구슬거미라는 이름을 붙였어요. 2022년 경남 합천의 한 동굴에서 처음 발견되었는데요. 동굴 속 습하고 어두운 벽 틈에 거미줄을 치고 살고 있습니다. 몸길이 1~1.5mm 정도고 몸 색깔은 엷은 갈색에 긴 다리를 갖추었는데 눈의 형태는 찾아볼 수가 없어요. 거미의 모습이 서식지 정보를 말해 주는 것만 같아요. 일 년 내내 동굴 속에서 살다 보니 눈이 굳이 필요 없어 퇴화했고, 습기가 많은 동굴 표면에서 몸을 떨어뜨리려 긴 다리를 갖게 되었으며, 빛이 들지 않으니 포식자를 속이기 위한 위장색이 필요하지 않아 몸 색이 엷어졌다는 얘깁니다. 동굴에 사는 진동굴성 거미는 눈이 여덟 개인 보통 거미보다 적은 여섯 개의 눈을 갖고 있는데 아예 눈이 없으면 대체 거미줄을 칠 장소를 어떻게 물색할까요? 이번에 이 거미의 존재를 확인했으니 앞으로 밝혀야 할 과제인 것 같아요.

거미가 도마뱀을 들어 올릴 수 있다고?

거미가 무거운 먹이를 사냥하는 방법을 연구한 논문이 〈영국 왕립학회 인터페이스 저널(Journal of the Royal Society Interface)〉에 실렸어요. 도르래 역할을 하는 얽힌 거미줄과 거미의 리프팅 메커니즘을 실험실에서 관찰하고 정량화한 논문인데 내용이 무척 흥미롭습니다. 꼬마거미과에 속하는 별무늬꼬마거미가 거미줄에 도르래 같은 시스템을 적용해서 자기 몸무게의 수십 배에 해당하는 먹이를 위로 들어 올릴 수 있다는 겁니다. 내용에 따르면 별무늬꼬마거미가 자기 몸무게의 50배에 달하는 먹이를 사냥하려고 엄청난 거미줄을 뽑아 먹잇감인 바퀴벌레에 붙인 뒤 도르래의 원리로 천천히 들어 올립니다. 거미줄에 먹이가 걸리면 거미는 달려가서 필요할 경우 여분의 거미줄을 추가하는데요. 이상하게도 이 실들이 완전히 팽팽하게 당겨져 있진 않았다고 해요. 팽팽한 줄은 끊어질 수 있으니까요. 몸부림치는 먹이 때문에 줄이 마구 잡아당겨지고 튀어 오르다 끊어질 것에 대비한 것으로 추정하고 있어요. 이 연구 논문은 바퀴벌레로 실험했는데 거미가 먹이를 충분히 들어 올리고 더 가까이 끌어당기기 위해 짧은 거미줄을 계속 추가했다고 해요. 바퀴벌레뿐만 아니라 도마뱀이나 뱀, 쥐를 포함한 거대한 먹이도 잡는다고 보고되었어요.

이 내용을 접하며 두 번 감탄했는데요. 도르래의 원리를 학

 **더 알아보기**

거미에게서 얻은 아이디어

거미줄의 주성분은 단백질로 알레르기를 일으키지 않고 방수성과 통기성도 우수합니다. 탄성회복력도 나일론의 2배나 됩니다. 거미줄이 산성이라 세균의 침입도 막을 수 있고 염산이나 황산 같은 강한 산성 용액이 아니라면 거미줄은 본래의 성질을 오래 유지할 수도 있어요. 이미 주인은 사라진 거미줄이 그대로 남아 있는 게 이제야 이해되지 않나요? 거미줄은 그야말로 장점이 많은 천연섬유이니 이런 특성을 활용해서 새로운 재질의 옷감을 만들 수도, 특수복을 제작하는 데 활용할 수도 있을 것 같아요.

거미는 매우 예민해요. 거미줄에 걸린 먹잇감을 감지해야 하니까요. 서울대 기계항 공공학부 최만수 교수팀은 2014년 초고감도 센서를 개발했어요. 거미가 발목 근처의 껍질 부분에 있는 미세한 균열 형태의 감각기관을 통해 거미줄의 진동을 감지한다는 점에 착안해서 이를 모방한 센서를 개발했다고 하니 자연을 관찰할수록 우리는 얼마나 많은 아이디어를 배울 수 있을까요?

교에서 배운 적도 없을 거미가 그 이치를 깨닫고 활용하는 것도 경이로웠고, 무거운 먹잇감의 무게를 거미줄이 감당하다니 그 또한 무척 놀라웠습니다. 거미는 거미줄을 다양하게 활용하면서 살 수 있는 장소와 살아가는 방식을 확장해 나가고 있는 것 같아요. 왕거미의 거미줄은 굵기가 겨우 0.0003mm 정도입니다. 이 굵기는 누에가 만드는 실의 10분의 1 정도로 같은 굵기의 강철과 비교하면 거미줄이 5배 더 강한 셈이라고 해요. 잘못해서 거미줄이 머리나 얼굴에 붙으면 잘 끊어지지 않아 애를 먹은 경험이 있는데 거미줄의 이런 특성 때문이었어요. 거미줄은 고무줄보다 끊기가 어려울 뿐 아니라 원래 길이의 2배까지 늘어날 수 있다고 해요. 거미 종류에 따라 다를 테지만 거미줄이 견딜 수 있는 무게는 최대 80kg이라고 하니 도마뱀쯤이야 거뜬하겠다는 생각이 들지 않나요?

날개도 없는 거미가 30km를 날아 이동한다고?

거미가 줄을 치려면 처음 줄을 어딘가에 붙여야 해요. 그때 바람을 이용합니다. 배 끝에 있는 실젖에서 실을 길게 뽑아 바람에 날리면 어딘가에 실이 가서 붙어요. 그렇게 방사형으로 세로줄을 만들지요. 세로줄은 끈적거리지 않아요. 거미가 이동하는 줄이지요. 세로줄을 완성한 뒤 가로로 줄을 치기 시작합니다. 가로줄에는 끈끈이가 많아 먹잇감이 걸리게 되지요. 촘촘하게 가로줄을 치는 간격은 매우 일정하다고 해요. 알집에서 깨어난 새끼들도 꽁무니에서 실을 뽑아 바람을 타고 이동하며 흩어져 제 살 길을 찾아갑니다.

2015년 호주 뉴사우스웨일스주의 골번 지역 하늘에 수백만 마리 거미가 비처럼 떨어져 내렸어요. 한 주민은 마치 수많은 명주실이 하늘에 떠 있는 것처럼 보였다고 했고요. 우리나라에서는 발생한 적이 없지만 해외에서는 이렇게 거미가 내리는 게 드문 현상이 아닙니다. 하얗게 내려앉은 거미줄을 부르는 엔젤 헤어(Angel Hair)라는 말까지 있을 정도니까요. 거미들이 대량으로 이주할 때 높은 나무로 올라가 뛰어내리며 거미줄을 낙하산처럼 타고 내려오는 이런 방법을 벌루닝(Ballooning)이라고 해요. 벌루닝으로 하루에 최대 30km를 이동할 수도 있다고 합니다. 19세기 생물학자인 찰스 다윈은 항해 중 아르헨티나 해안에서 약 100km 떨어진 바다 한가운데에서 거미 수천 마리가 배 위로 떨어졌다는 기록을 남기기도 했어요. 거미들이 떼로 이동하는 이유는 여러 가지이겠지만 폭우 등으로 서식지 환경이 악화되었을 때 이동하는 것으로 알려져 있습니다.

물속에 사는 거미도 있다고?

평생을 물속에서 사는 물거미는 전 세계에 오직 한 종만 존재하는데 우리나라를 비롯해 일본, 중국, 유럽의 온대 지방, 시베리아 및 중앙아시아 등지에 분포해 있어요. 일반적으로 거미도 사마귀처럼 암컷이 훨씬 크지만 물거미의 경우 수컷이 암컷보다 더

큽니다. 물거미는 온몸에 나 있는 많은 털로 공기방울을 만들어 배에 붙이고 물속에서 숨을 쉬어요. 털은 방수 역할도 하지요. 물속에 있는 물풀이나 작은 돌멩이 등에 공기주머니를 붙여 집을 마련해서 생활합니다. 경기도 연천군 건곡읍 은대리에 물거미 서식지가 있는데요. 이 서식지를 천연기념물로 지정해서 보호하고 있어요. 물거미가 워낙 세계적인 희귀종인 데다 현재까지 은대리가 우리나라에서 유일한 서식지이기 때문입니다.

물속에 살지는 않지만 물고기를 잡아먹는 거미도 있어요. 황닷거미는 배회성 거미로 긴 다리를 활용해서 먹이 사냥을 해요. 식물의 잎 위에 다리를 걸쳐 놓고 먹이를 잡거나 긴 앞다리를 낚싯대처럼 물 위에 담갔다 뺐다 하면서 물고기를 유인해요. 그러다 물속으로 들어가 엄니로 독을 주입해 물고기를 마비시킨 뒤 육지로 끌어 올려 소화액을 주입해 빨아 먹지요. 물고기를 사냥하는 거미들은 전 세계에 고루 분포하며 얕은 하천이나 연못, 늪의 가장자리에 서식하는데 일부는 물속으로 뛰어들어 헤엄을 치거나 물 표면을 소금쟁이처럼 걸어 다닐 수도 있다고 해요.

참나무, 수많은 생명을 품는 넉넉함

"1936년 베를린 올림픽 금메달리스트들이
부상으로 받은 것은 무엇일까?"

1936년 독일 베를린 올림픽 육상 종목에 출전해서 마라톤 부분 금메달을 딴 손기정 선수는 한없이 침울한 얼굴로 시상대에 섰어요. 태극기 대신 일장기를 단 식민지 국민의 울분을 삼키고 있던 그 장면은 일제강점기를 겪지 않은 세대에게도 비슷한 감정을 불러일으켜요. 당시 시상식 장면 사진을 보면 일장기와 슬픈 표정 말고도 눈에 띄는 것이 있어요. 손기정 선수가 머리에 쓰고 있는 월계관이지요. 올림픽경기에서 우승자에게 씌운 이 월계관은 사실 진짜 월계관이 아니에요. 월계관은 월계수잎으로 만든 것인데 손기정 선수 머리 위에 얹어진 것은 월계수잎이 아니라 독일을 대표하는 나무인 로부르참나무잎으로 만든 관이거든요. 독일은 베를린 올림픽 금메달 수상자 130명 전원에게 화분도 선물로 주었는데 이 역시 로부르참나무 묘목이었어요. 그렇다면 독일은 왜 올림픽 금메달 수상자에게 이런 참나무를 선물했을까요?

　제1차 세계 대전에서 패전한 독일은 막대한 부채를 떠안으며 경제적인 손실과 정치적 혼란을 겪었어요. 이때 독일의 재건을 슬로건으로 내세우며 나치당을 만든 이가 아돌프 히틀러입니다. 히틀러는 수상이 되면서 정치적 반대자들을 검거해서 재판 과정 없이 집단 수용소에 감금하고 독일을 아리아 민족의 나라로 만들기 위해 인종 정책을 실시했어요. 독일에 거주하는 50만 명의 유대인들을 추방하려는 반유대주의 운동을 펼치던 때였습니다. 이런 인권 유린 문제를 유럽과 미국 등 여러 나라가 알고 있던 와중에 독일의 나치는 올림픽을 자기들의 선전에 이용하려 했어요. 여러 나라가 주최국의 인권 유린 문제를 이유로 올림픽 불참을 주장했지만 최종적으로 무산되었고 독일은 강하고 단결된 모습을 선전했습니다. 독일 사람들이 가장 좋아하는 로부르참나무로 우승한 선수들 머리를 장식했고 곁들여 1년생 묘목이 심긴 화분까지 선물로 주면서 독일의 힘과 게르만족의 우수성을 세계에 홍보하려고 했지요.

　참나무는 독일의 오랜 상징이며 여전히 사랑받고 있는 나무입니다. 독일인 성씨에는 참나무와 관련된 성이 많고 독일 지명 가운데 참나무에서 유래한 지명이 대략 1,400개에 이르러요. 독일은 1983년부터 '올해의 나무(Baum des Jahres)'를 선정하고 있는데 첫해에 선정된 나무가 로부르참나무였어요. 종교개혁 운동을 추진했던 마틴 루터를 기념하기 위해 독일 전역에 심은 나무도 로부르참나무였다고 하니 독일인의 참나무 사랑이 느껴지나요? 나치의 사상적 배경이며 히틀러가 회원으로 있던 툴레 협회의 상징 문양에도 하켄크로이츠('갈고리 십자가'라는 뜻으로 독일 나치즘의 상징) 아래에 로부르참나무가 그려져 있어요. 나치 독일이 월계관으로 왜 로부르참나무를 사용했는지 짐작이 가지요?

손기정 선수가 받아 온 로부르참나무 화분은 어떻게 되었을까요? 서울 만리동 손기정 기념공원에 가면 커다란 참나무가 한 그루 있어요. 사람들은 그 참나무를 손기정 선수가 받아 온 묘목을 심은 거라고 하지만 사실 그곳에 있는 나무는 로부르참나무가 아닌 대왕참나무입니다. 어떻게 된 일일까요? 히틀러가 독일의 우수성을 알리기 위해 미국산 대왕참나무를 선물했을 리가 만무하지 않나요? 중간에 무언가 사연이 있어서 로부르참나무가 대왕참나무로 바뀐 것 같다고 추정하고 있어요. 더 궁금하다면 관련한 논문과 기사가 있으니 찾아보기 바랍니다.

히틀러는 올림픽을 선전 도구로 이용하며 이미지 세탁을 위해 로부르참나무를 활용했지만 결국 3년 뒤 제2차 세계 대전을 일으킵니다. 독일 전역에 있는 로부르참나무는 이 모든 과정을 지켜보며 어떤 생각을 했으려나요.

왜 크고 오래된 참나무는 드물까?

2021년 당시 문화재청은 경북 영양 송하리에 있는 졸참나무와 주변 마을 숲을 묶어서 '영양 송하리 졸참나무와 당숲'을 국가지정문화재 천연기념물로 지정했어요. 졸참나무가 천연기념물이 된 첫 사례입니다. 지금까지 천연기념물로 보호받고 있는 참나뭇과는 굴참나무 세 그루, 갈참나무 한 그루에 이제 졸참나무가 하나 더 추가되어 다섯 그루가 전부입니다. 소나무 36그루, 은행나무 24그루, 느티나무 19그루가 천연기념물인 것과 비교하면 참나뭇과는 지나칠 정도로 적어요. 참나뭇과라고 하는 까닭은 참나무라는 이름은 도감에 없고 도토리를 생산하는 모든 나무의 총칭이기 때문입니다. 우리나라에는 상수리나무, 떡갈나무, 신갈나무, 굴참나무, 갈참나무 그리고 졸참나무 이렇게 크게 여섯 종류의 나무가 이에 속해요. 크고 오래된 나무가 드무니 천연기념물로 보호받을 수 있는 나무도 적을 수밖에요.

독일 사람들과 달리 우리나라 사람들은 참나무를 안 좋아했던 걸까요? 그럴 리가요. 참나무는 우리나라 기후에 잘 맞아 어디서나 잘 자라니 오랜 시간 우리 민족의 살림살이에 요긴하게 쓰였어요. 도토리는 구황작물로 중요한 먹을거리가 되어 줬어요. 참나무꽃은 바람을 타고 퍼져서 가물어 비가 거의 내리지 않는 해에 꽃가루받이 성공률이 더 올라가요. 가뭄으로 흉년이

들어 시름에 잠긴 사람들에게 평년보다 더 많은 도토리가 열리니 얼마나 다행한 일인가요.

강원도 산간 지역에서는 소나무와 전나무를 쪼개 너와집을 짓고 살았어요. 그러다 점점 재료를 구하기 어려워지자 두툼한 굴참나무 껍질로 지붕을 이은 굴피집을 짓고 살았어요. 지붕엔 까치구멍을 내어 집 안의 연기를 밖으로 뿜도록 만들었고요. 굴피십 내부에 누워 천장을 쳐다보면 까치구멍에다 굴피 조각 사이로 언뜻언뜻 하늘이 보여요. 비가 오면 다 샐 것 같지만 우려와는 달리 비가 내리면 나무는 물을 머금고 팽창해서 틈을 완벽하게 메워요. 참나무 숯은 피울 때 연기가 나지 않아 최고의 재료가 되었고 버섯을 기르는 원목으로도 많이 쓰였어요.

궁궐 등 건축용 목재로 사용하는 소나무를 보호하느라 땔감을 위한 도끼질은 늘 참나무를 향했어요. 도끼날을 피한 날에는 도끼머리로, 떡메로 또 무수히 얻어맞았어요. 나무줄기를 사정없이 후려치며 도토리를 털던 흔적은 나무줄기에 세로로 깊게 파인 상처로 남기도 했지요. 아낌없이 빼앗기기만 하다 보니 크고 오래된 참나무를 만나기가 어려웠던 겁니다. 이젠 땔감으로 쓸 일도 없고 굴피집은 더더구나 짓지 않으니 참나무에게 우리의 사랑을 듬뿍 선사할 수 있을까요? 도토리가 열리는 가을이면 여전히 나무를 발로 차는 이들이 보여요. 먹을 게 귀하던 시절도 아니고 도토리는 이제 야생동물들에게 양보해도 충분할 정도로

굴피집. ⓒ최원형.

우리의 삶의 질이 올라갔는데도 말이에요. 참나무에게도 숲속 동물들에게도 얼마나 미안한지요. 이 땅에서 참나무가 우리 조상들에게 어떤 나무였는지 보다 많은 사람들이 알면 참 좋겠습니다.

독일 헤센주 동북부에 위치한 라인하르츠발트는 자연공원으로 지정된 산림 지역으로 참나무를 비롯한 활엽수가 많아요. 그림 형제 동화의 배경이기도 했던 숲이어서 더 유명하고요. 수령이 200년 이상 된 참나무들이 줄지어 선 곳도 있다니 부러워요. 이곳도 한때 과도한 방목으로 황폐했던 시절이 있어요. 200년 전만 해도 말, 소, 돼지, 양과 염소 등 가축을 최소 1만 8,000마리나 숲에 방목하면서 가축들이 도토리, 너도밤나무 열매 등을 모조리 먹어 치워 더 이상 어린나무가 자라질 못했다고 해요. 이에 방목하는 가축 숫자를 줄이다 1860년에 산림 방목을 완전히 중단하면서 참나무가 울창한 숲이 된 거지요.

나무 가운데 참나무류가 가장 많은 생명을 품고 산다고?

《참나무라는 우주》를 쓴 더글라스 탈라미에 따르면 참나무 한 그루는 일생 동안 평균 300만 개의 도토리를 떨어뜨려요. 그러니 참나무 한 그루는 얼마나 많은 동물을 먹여 살릴까요? 도토리를 좋아하는 어치, 다람쥐, 청설모 그리고 사람이 떠오르네요.

딱따구리가 참나무에 둥지를 틀고 새끼를 길러 내면 그곳에 동고비, 원앙 등 많은 동물이 번갈아 가며 살다 가지요. 미국과 캐나다 등 북미 지역에는 도토리딱다구리가 살아요. 이 새는 도토리를 나무에 박아 넣으려 구멍을 뚫어요. 주로 죽은 나무에 구멍을 뚫고 도토리 또는 벌레를 저장한 뒤 필요할 때 꺼내 먹어요. 많게는 한 나무에 3만 개나 되는 도토리를 저장한다고 해요. 우리나라의 어치나 다람쥐도 도토리를 저장해 놓고 겨우내 찾아 먹어요. 나무에 박아 두기도 하지만 땅에 묻어 두기도 해요. 땅에 묻었다가 까먹은 도토리는 다시 참나무 숲을 이루니 얼마나 고마운가요.

도토리가 열리기 시작할 무렵 산에 가면 숲 바닥 여기저

도토리거위벌레. ©최원형.

기 도토리가 달린 나뭇가지가 떨어져 있는 걸 볼 수 있어요. 바로 도토리거위벌레의 소행인데요. 무려 7개월이나 땅속에서 때를 기다리고 있다가 이 무렵 나무로 기어올라 먹이이자 새끼의 요람이 될 도토리를 고릅니다. 그 와중에 짝짓기를 마치고 도토리에 기다란 주둥이로 드릴처럼 구멍을 뚫고 알을 낳은 뒤 나뭇가지를 역시 주둥이로 톱질해서 바닥으로 떨굽니다. 깨어난 애벌레는 도토리를 갉아 먹으며 몸집을 키운 뒤 밖으로 나와 땅속으로 들어가요. 도토리거위벌레가 갉아 먹고 버린 도토리 껍데기에는 도토리개미류가 들어가 살아요. 알면 알수록 자연에는 쓰레기가 없어요. 둥지도 재활용하고 도토리 껍질마저 누군가가 재활용하는 걸 보면 말입니다.

참나무에는 하늘소, 장수풍뎅이, 사슴벌레뿐만 아니라 나비와 박각시나방 등이 좋아하는 수액도 흘러요. 시큼한 냄새를 맡고 곤충들이 몰려옵니다. 참나무 잎사귀에 혹처럼 불거진 **충영**♥ 속에는 다양한 종류의 좀벌류, 딱정벌레류도 있어요. 참나무 줄기에는 이끼와 지의류도 살지요.

낙엽이 덮여 있는 곳은 수분 증발도 적고 겨울 동안 따뜻해요. 낙엽이 썩으면서 내는 열이 상당하거든요. 가을에 떨군 참나무 낙엽은 두툼해서 느린 속도로 분해되다 보니 썩는 정도가 다른 낙엽이 층을 이루어요. 이렇게 낙엽이 오래도록 쌓여 있으면서 다양한 분해자들에게 집이 되어 주고 이불이 되어 주고 식당이 되어 주지요. 참나무에겐 더 이상 쓸모없어진 낙엽이 헤아릴 수 없이 많은 미소생물에게 기댈 언덕이 되어 줍니다. 비가 내리면 이렇게 층층이 쌓인 낙엽 사이사이로 빗물이 스며들면서 맨땅과는 비교할 수 없이 많은 물을 품을 수 있어요. 물은 모든 생명의 원천이잖아요. 낙엽이 바람에 쏠려 가 계곡으로 들어가면 날도래 등 수서생물들의 중요한 먹이가 됩니다. 보이지 않는 땅속에서 참나무 뿌리는 또 얼마나 많은 생물과 연결돼 있을까요?

♥ 식물의 줄기에 곤충·박테리아·바이러스·진균 등의 기생체가 자리하거나 번식하면서 이상 발육을 일으켜 종양처럼 부풀어진 부위를 말한다.

낙엽, 자연으로 돌아갈 권리

"기온이 올라가면 단풍색이 덜 선명해진다고?"

첫 단풍 소식이 기다려지는 계절입니다. 첫 단풍이 들었다는 건 산 전체의 20%가 물들었을 때를 말해요. 80%쯤 물들면 단풍이 절정이라고 하지요. 봄꽃 소식은 남녘에서 시작해서 위로 올라오는데 단풍 소식은 중부 지방에서 남쪽으로, 또 산 정상에서 기슭으로 내려갑니다. 기온과 단풍 사이에 관련이 있다는 얘기지요.

최저기온이 5도 이하로 떨어져야 단풍이 들기 시작해요. 9월부터 단풍이 드니까 9월의 기온이 단풍 시기를 결정하는 데 중요합니다. 가을철 평균기온이 1도 올라가면 단풍은 1.5일 늦어집니다. 그런데 해마다 여름이 끝나고 9월이 되어도 너무 더워요. 2011년 9월 15일은 우리나라 전역에서 정전 사태가 벌어졌던 날입니다. 과거 우리나라 전력 시스템이 좋지 못하던 때도 이렇게 전국적으로 정전이 발생한 적은 없었으니 매우 큰 사건이었어요. 정전 지역을 예측할 새도 없었다 보니 곳곳에서 크고 작은 피해가 발생했고요. 정전 사태가 벌어진 배경에는 기록적인 늦더위가 있었어요. 9월 15일 서울 최고기온이 31도를 기록했거든요. 여름이 끝나 전력 소비량이 줄 것으로 예측하고 발전소를 정비하려고 멈췄는데 갑자기 더워진 거죠. 예측과 달리 수요량이 폭증하면서 자칫하다가는 블랙아웃이 발생할 것 같아 예보할 겨를도 없이 무작위로 지역을 돌아가며 순환 정전을 단행한 거였어요. 9월 기온은 이후로도 꾸준히 상승 추세입니다. 2023년 9월 평균기온은 역대 1위였고 서울에는 88년 만에 9월 열대야가 발생했을 정도니까요.

9월 기온이 올라가면서 단풍 시기가 늦어지는 것이 생태계에는 어떤 영향을 끼칠까요? 단풍이 늦게 든다는 것은 그만큼 나무가 잎을 달고 있는 시간이 길어진다는 의미인데 봄은 또 일찍 찾아와요. 결국 생육 기간이 길어지며 식물의 생장 리듬이 달라지겠지요. 나무 입장에서 단풍은 우리가 김장을 준비하는 것과 비슷합니다. 잎을 떨굴 준비를 마쳤다는 의미거든요. 일조량이 줄어들고 기온이 떨어지면 나뭇잎을 떨어뜨리려고 나무는 잎과 나뭇가지 사이에 떨켜층을 만듭니다. 떨켜층이 생기면 잎과 나무의 다른 부분 사이에 단절이 이루어져요. 그러니까 잎에서 만든 양분이 줄기나 뿌리로 전달되지 못하고 뿌리에서 흡수한 물도 잎으로 전달되지 못하는 거죠. 이렇게 되면 초록색이던 엽록소가 분해되고 초록에 가려져 있던 색소들이 드러나요. 은행나무가 노랗게, 단풍잎이 붉게 물드는 건 이런 이유 때문입니다.

그런데 기온이 계속 높아 나무가 떨켜 준비를 하지 않고 있는 상태에서 갑자기 기온이 뚝 떨어지면 어떤 일이 벌어질까요? 최악의 경우 나무는 치명적인 결과를 맞을 수도 있어요. 계절 시계가 변화하면서 단지 단풍이 늦게 드는 걸 넘어 먹이사슬, 물과 에너지 흐름의 변화까지 초래하면서 생태계에 악영향을 미칠 가능성이 제기되는 이유입니다. 사람도 잠을 충분히 자야 건강한 것처럼 나무도 생육을 멈춘 겨울 시간이 필요할 텐데 그 시간이 짧아지면 건강에 좋을 리가 없겠지요. 전문가에 따라서는 아예 9월 단풍이 사라질 수 있다는 전망도 조심스럽게 나오고 있어요. 단풍이 든다고 해도 예전처럼 선명한 색깔의 단풍을 보기 어려워질 수도 있어요. 나뭇잎에 들어 있는 여러 색소는 세포 안에 있는 당과 결합하면서 고유의 색을 띠어요. 2022년 9월 태풍이 최다 발생하는 등 근래 들어 우리나라에는 9월 태풍이 잦아지고 있어요. 기온이 상승하고 강수량이 증가하는 등 기상이변이 자주 발생하면서 일조량이 감소한다면 당의 저장량에도 문제가 생겨 단풍색이 희미해지고 늦게 물들 수 있습니다. 아름다운 단풍을 다음 세대도 볼 수 있을까요?

그 많던 낙엽은 어디로 간 걸까?

단풍이 들 때 환호하던 우리의 마음은 낙엽이 바닥에 쌓이기 시작하면서 달라져요. 연중 가장 많은 쓰레기 자루가 길거리에 쌓이는 걸 보게 되는 게 또한 가을입니다. 도시에서 낙엽은 하수구를 막아 침수 피해를 일으키고 보행을 방해하는 천덕꾸러기입니다. 사정이 이렇다 보니 낙엽이 생기는 대로 치워야 해요. 전국적으로 해마다 30만 톤가량의 낙엽이 쏟아져 수거하느라 인력과 비용이 들고 최종적으로 처리하는 것도 문제입니다.

자루에 쓸어 담긴 낙엽은 어떻게 되는 걸까요? 몇 가지 처리 방법이 있어요. 담배꽁초, 각종 플라스틱 등 도시의 쓰레기가

물속 생강나무 낙엽. ⓒ최원형.

많이 섞여 있어서 소각 처리가 가장 손쉬운 방법인데요. 대기 중의 탄소를 포집해서 품고 있는 나뭇잎을 소각 처리하면 그 탄소가 다시 공기 중으로 배출돼 버려요. 소각 과정에서 미세먼지가 발생하는 문제도 있고요. 또 다른 처리법은 퇴비화하는 건데요. 퇴비로 재활용하는 방법은 훌륭한데 그러기 위해서는 쓰레기가 섞이지 않은 깨끗한 낙엽만 분류해야 해요. 이 과정이 만만치 않다고 합니다. 한시적인 일자리를 창출해서라도 청정 낙엽을 분류할 수 있다면 퇴비로 만들어서 도시 농업을 하는 곳에 나누면 좋겠지요. 더러 지자체별로 퇴비를 만들어 판매하는 곳도 있지만 낙엽을 퇴비로 만드는 과정에서 발생하는 분진 등 해결해야 할 문제가 아직 남아 있어요.

서울의 한 자치구에서는 강원도 춘천시 남이섬으로 수거한 은행 낙엽을 보내서 은행나무길 조성에 사용해요. 남이섬에서 나온 낙엽만으로는 은행나무길을 조성하는 데 부족하다고 합니다. 이렇게 낙엽을 재활용하는 것까진 바람직해 보입니다. 문제는 수많은 관광객이 와서 밟고 간 낙엽을 최종적으로 어떻게 처리하느냐에 있는데요. 소각 처리를 한다면 소각 처리할 때 발생하는 문제에 낙엽을 운송하느라 들어간 탄소 배출까지 더해집니다. 물론 아름다운 은행나무길을 걸으며 행복해했을 관광객이 얻은 정신적인 위로가 남긴 합니다만. 가능하다면 발생한 곳에서 처리할 방법을 찾아야 해요. 남이섬에 부족한 은행잎은 춘

천시 인근에서 공급받으면 좋겠고 사용한 낙엽을 소각하지 않고 처리할 다른 방법도 모색해야 합니다.

도시의 낙엽은 썩을 권리조차 박탈당했어요. 만약 도시가 아니라 숲이었다면 낙엽은 어떤 운명이었을까요? 낙엽은 그 자체로 생태계에 굉장히 중요합니다. 숲 바닥을 조금만 들춰 보면 나뭇잎이나 잔가지 등이 미생물에 의해 분해되어 흙으로 돌아가는 모습을 볼 수 있어요. 낙엽이 썩기 위해서는 비바람도 만나야 하고 눈이 내려 낙엽을 지그시 눌러 줘야 해요. 이런 과정을 통해 낙엽은 새까맣게 분해되어 흙이 됩니다. 태워 없애지 않고 다시 흙으로 돌아가니 탄소를 계속 저장하는 온전한 순환이지요.

낙엽은 단지 흙으로 순환하는 것 말고도 생태계에서 하는 역할이 무척 많아요. 숲 바닥을 덮는 낙엽은 그 아래에 있는 생명체들이 겨울 동안 춥지 않게 지낼 공간을 마련해 주지요. 켜켜이 쌓여 있는 낙엽층은 썩으면서 온도가 올라가니, 한겨울 추위에도 낙엽 아래 세상은 추위로부터 안전해요. 낙엽은 온갖 미소생물을 비롯한 토양생물들에게 먹이를 제공해요. 낙엽이 계곡으로 흘러 들어가면 물속생물의 먹이가 되고요. 부엽토가 계곡물을 따라 흘러 최종적으로 바다에 이르면 식물성 플랑크톤에게 필요한 양분을 제공하지요. 그 플랑크톤을 크릴새우가 먹고 크릴새우를 고래가 먹으니 숲이 고래를 기른다고 봐야 할까요?

낙엽이 의자가 된다고?

썩은 낙엽을 퇴비로 만든다는 생각에만 갇히지 않고 색다른 발상을 하는 이가 있어요. 슬로바키아 디자이너 시몬 컨(Šimon Kern)은 폐기물을 활용해서 조형물을 제작하는 일을 합니다. 낙엽과 폐식용유로 만든 생분해성 수지로 비리프 의자(Belaef Chair)를 만들었어요. 이 의자는 나무와 질감은 비슷한데 내구성은 크지 않아요. 손상된 의자는 나무 아래에 놓아두면 토양으로 사라져 비료가 된다고 해요. 그럼 다시 한번 낙엽으로 새 의자를 만든다고 컨은 말합니다. 그는 인체공학적이고 생분해성인 의자의 새로운 버전을 계속 설계하고 있고 조명용으로 활용할 실험도 계획하고 있어요.

우크라이나의 스타트업 리리프 페이퍼(Releaf Paper)는 낙엽에서 셀룰로오스를 추출해서 포장용 종이부터 사무용 인쇄종이까지 다양한 종이를 만들고 있어요. 종이 펄프를 만들기 위해선 셀룰로오스가 필요합니다. 셀룰로오스는 대마, 황마 등 섬유 제조에 70% 이상 들어 있으며 종이의 원료인 목재에도 40~50%가량 함유돼 있지요. 종이 1톤을 만들기 위해 나무 17그루를 벌목해야 하지만 낙엽에서 셀룰로오스를 추출할 경우 낙엽 2톤이면 같은 양의 종이를 만들 수 있다고 해요. 나무로 펄프를 제작할 때는 리그닌을 제거하는 과정부터 전 과정에 약품 처리를 위한 에너지와 물을 소비하는데, 낙엽으로 종이를 만들 경우 이산화탄소 배출량은 78% 적고 에너지와 물 소비 역시 각각 3배, 15배 적다고 합니다.

　미국의 베르테라(Verterra)라는 업체는 100% 재생 가능한 낙엽으로 식기류를 제작하고 있어요. 완전히 생분해 가능하며 BPI(Biodegradable Products Institute, 생분해성 제품기구) 인증 퇴비화가 가능하고요. 일회용 접시는 플라스틱이나 종이 식기류에 비해 세련된 디자인이면서도 화학 물질, 왁스, 염료 또는 첨가물을 사용하지 않고 만들어요. 오직 물과 떨어진 야자잎만으로 만들기 때문에 62일이면 완전히 분해된다고 해요. 창업자인 마이클 드워크(Michael Dwork)가 인도를 여행하던 중 한 노인이 물에 적신 야자수 낙엽을 구워서 그릇을 만드는 걸 보면서 떠올렸다고 합니다. 하늘 아래 새로운 생각은 없어도 지속 가능한 삶은 오래된 과거에서 찾을 수 있을 것 같아요.

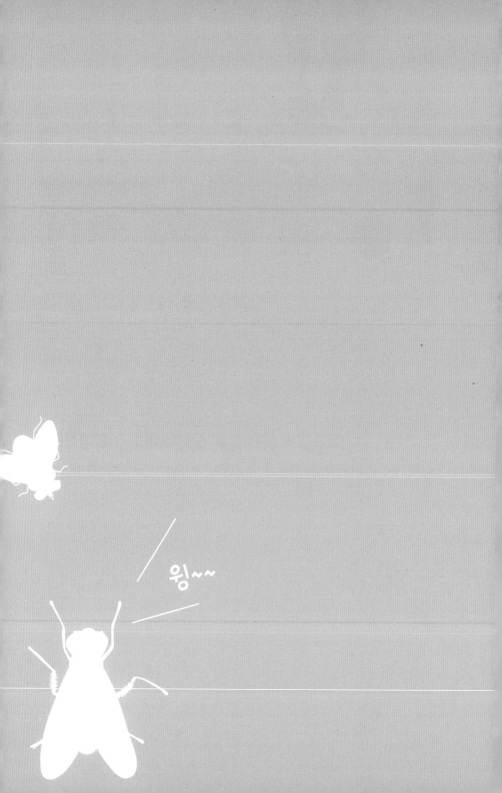

윙~~

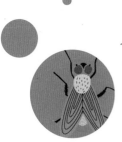

파리목 곤충, 혐오를 넘어 공존으로
"파리는 세상 쓸모없는 곤충일까?"

파리를 자세히 관찰해 본 적 있나요? 햇살 좋은 날 파리의 몸이 금빛으로 빛나는 모습을 본 이후로 파리의 매력에 빠졌어요. 어떤 파리는 빛에 따라 알록달록 무지개색을 띠기도 해요. 검고 하나도 예쁠 게 없는 해충으로만 인식하고 있다가 그때 파리에 대한 고정관념이 깨끗이 사라졌지요. 여전히 파리가 음식에 앉을까 손을 휘휘 젓긴 해도 파리가 이 세상에서 사라졌으면 좋겠다고 생각하진 않아요. 그냥 싫다, 더럽다, 병을 옮긴다는 관점을 내려놓고 파리에 관해 알고 싶다는 생각을 해 보는 건 어떨까요?

이 세상에 있는 모든 생명체는 다 존재 이유가 있어요. 파리에 대해서는 병균을 옮기고 똥이나 지저분한 곳에 서식한다는 것 말고 알려진 사실이 별로 없어요. 파리를 비롯한 곤충의 실체를 제대로 알려면 누군가가 연구를 해야 하는데 그러기 위해서는 연구비가 필요해요. 그런데 연구비는 당장 인간에게 유익하고 쓸모 있거나 인간이 좋아하는 동물 위주로 흘러갑니다. 상황이 이렇다 보니 연구자들도 주로 그런 분야의 동물을 연구하게 되고요. 쏠림 현상으로 파리나 모기처럼 사람들에게 낙인찍힌 곤충에 관한 연구가 생각보다 많지 않은 게 사실입니다. 참고로 세계에서 파리를 가장 많이 연구한 나라는 영국으로 수백 년 동안 파리를 연구했다고 해요. 찰스 다윈의 나라답지요? 윈스턴 처칠도 아마추어 곤충학자였어요.

금파리. ⓒ최원형.

처음으로 우주로 간 생명체는 초파리입니다. 1947년 지구와 우주의 경계로 불리는 상공 100km의 카르만 라인을 넘어 미국이 쏘아 올린 로켓 안에는 초파리가 타고 있었어요. 초파리가 우주에 안착한 이래 미국과 소련은 먼저 우주로 진출하려 경쟁합니다. 현대 유전학의 발전에 큰 기여를 했던 곤충 역시 파리였어요. 고작 3mm에 불과한 몸길이를 가진 매우 작은 초파리인 드로소필라 멜라노가스테르(Drosophila melanogaster)인데요. 이 파리의 유전자를 연구한 덕분에 알츠하이머병이나 파킨슨병과 같은 인간 질병의 연관 유전자를 알 수 있게 되었어요. 이 파리는 2000년에 세계 최초로 게놈 서열이 해독된 동물이기도 해요. 그로부터 3년 뒤 인간 게놈도 판독할 수 있게 되었어요.

파리는 여전히 우주에서 우리에게 도움을 줍니다. 국제우주정거장에는 초파리 연구소가 있는데 그곳에서 무중력이 파리에 끼치는 영향을 연구하고 있어요. 향후 우주여행이 인류의 건강에 끼치는 영향을 예측하려는 목적으로요. 이 초파리는 짧은 수명, 빠른 번식 및 실험실 환경에서의 유지 관리 용이성으로 인해 과학 연구, 특히 유전학 및 발생 생물학에서 광범위하게 사용되고 있어요.

파리가 사라지면 우리는 깨끗한 세상에서 살게 될까?

파리란 정확히 무엇인가요? 곤충 도감은 곤충을 목에 따라 분류해 놓아요. 나비목, 딱정벌레목 이런 식으로요. 우리가 흔히 파리라 부르는 곤충은 파리목에 해당합니다. 영어로 'Diptera'라고 하는데 그리스어 'di(두 개)'와 'ptera(날개)'에서 파생되었어요. 두 개의 날개를 가진 파리의 특징을 나타내며 쌍시목이라 합니다. 곤충의 특징이 날개 두 쌍인데 파리는 한 쌍이라니 이상하지 않나요? 사실은 두 쌍 맞아요. 다만 뒷날개가 비행할 때 균형을 유지하는 데 사용되는 고삐 같은 구조로 축소되었어요. 이를 평균곤이라 부릅니다. 파리목에는 파리뿐만 아니라 모기, 각다귀, 깔따구, 등에, 장님거미가 포함됩니다. 파리목이 사람의 피를 빨아먹고 학질, 황열, 뎅기열, 티푸스, 이질 등 질병을 옮기는 것은 사실입니다. 그러나 꽃등에류의 애벌레는 진딧물을 잡아먹고 꽃등에 성충은 농작물의 결실을 도와주며 기생파리류는 다른 곤충에 기생해 해충 방제 역할을 하기도 하죠.

만약 파리목이 지구에서 사라진다면 그 많은 배설물은 어떻게 될까요? 5월에 언급했듯 동애등에라는 파리는 배설물 분해뿐만 아니라 질병이 퍼지는 것도 막아 줘요. 배설물을 분해해서 양을 줄이면 병원체를 옮기는 분식성 파리목 곤충들의 접근이 그만큼 줄어드니까요. 파리가 하는 중요한 일이 바로 생태계에서 분해자 역할이지요. 곤충기로 유명한 파브르는 파리목에 대해 "파리를 '불쾌하고 더러운 곤충'으로 사람들이 생각하지만 그건 사실이 아니다"라고 했어요. 이 세상을 우리가 살 수 있을 만큼 열심히 청결하게 만드는 게 파리라고 했지요. 배설물을 분해하는 파리목 종류는 넘치도록 많아요. 만약 파리가 없다면 이 세상은 분해되지 못한 채 쌓인 배설물로 넘쳐 나지 않았을까요?

더럽고 비위생적이라 홀대받지만 막상 파리가 사라지고 나면 생태계가 작동할 수 없는 또 한 가지 이유로 카카오 이야기가 있어요. 초콜릿의 원료인 카카오나무의 꽃은 너무 작아서 꽃가루를 매개하는 곤충의 크기도 2~3mm 정도예요. 샌드 플라이라 불리는 이 작고 털이 북슬북슬한 파리는 꽃 속에 들어가 꽃가루받이를 해요. 파리가 사라진다면 달콤쌉싸름한 초콜릿도 함께 사라지겠지요.

집파리 종류는 현재 발견된 것만 4,000종이 넘는데 이 가운데 극소수만 우리와 관계를 맺고 있다고 해요. 대부분은 배설물을 분해하면서 지구 생태계에 크게 기여하고 있으니 파리에 대해 조건반사로 적개심이 이어지는 마음을 진정시킬 필요가 있어 보입니다. 위생적이며 깨끗한 것을 추구한다는 게 결과적으로 비위생적인 결과를 낳을 수도 있으니까요.

인간에게 병을 옮기고 여름철 잠을 설치게 만드는 모기도 지구상에 존재할 필요가 있을까?

더위가 아닌 모기 때문에 여름을 싫어한다는 사람이 있을 정도로 모기에 대한 우리의 감정은 대체로 부정적입니다. 가뜩이나 기온 상승으로 여름이면 열대야에 잠 못 이루는 밤이 많은데 귓가에서 앵앵거리는 소리까지 나면 그 작고 작은 곤충에게 불현듯 화가 치밀어요. 그런데 겨울에도 모기 때문에 잠을 설친다는 사람들이 있어요. 1990년 무렵부터 겨울에도 모기에 물리는 일이 잦아진다는 기사가 등장하기 시작해요. 아파트 보일러실이나 하수구 등에 서식하는 빨간집모기가 기온이 내려가니 엘리베이터나 환풍구를 타고 따뜻한 실내로 들어왔기 때문입니다. 모기는 주변 온도에 따라 체온이 변하는 변온동물로 주위 온도가 15도 이하로 떨어지면 체온 하락으로 대사 활동이 줄어들어 잘 움직이지 못해요. 그래서 처서가 지나면 모기 입이 비뚤어진다는 말이 나온 거지요. 그러나 대도시에서 월동하고 있는 빨간집모기는 병원, 호텔, 극장, 백화점, 아파트 등의 지하에 있는 보일러실에서 집단으로 머물며 활동합니다. 겨울에도 대개 이런 곳의 실내 온도는 15~20도 되니까요. 모기의 겨울나기는 지구 가열화에다 집 안의 난방이 잘되는 이유로 더욱 쉬워질 것 같아요. 당장 할 수 있는 방법으로는 고여 있는 물에 모기가 산란을 하지 못하도록 하는 거예요. 집 안 화분의 물받이나 꽃병의 물도 자주 갈아 주는 게 좋겠지요. 겨울철 실내 온도를 낮추는 것도 모기로부터 벗어나는 방법이 될 것 같아요.

모든 모기가 무는 건 아니에요. 수컷 모기는 꽃의 꿀을 먹고 살고 암컷도 평소에는 꽃의 꿀을 먹으며 살아요. 이 과정에서 식물의 수분도 돕고요. 다만 암컷 모기는 산란기에 숙주의 피부를 뚫고 피를 빨아 먹어요. 숙주 종류는 수천 종으로 포유류, 조류, 파충류, 양서류 등을 포함한 척추동물이고 가끔 어류도 있어요. 물리면 가려워서 성가신 것도 있지만 모기는 뇌염이나 말라리아 등의 질병을 매개하는 곤충으로 악명이 더해졌는데요. 과거에는 동남아시아 등 더운 지방에서나 발생하는 질병으로 알려졌지만 이미 우리나라도 말라리아 발생 국가입니다. 휴전선 접경 지역인 인천, 경기와 강원 북부가 주요 발생지로, 덥고 습한 날씨가 지속되는 기후로 여름이 바뀌면서 말라리아의 위험성도 올라가요. 일반 집모기나 숲모기가 질병을 퍼뜨리는 건 아니고 일본뇌염모기나 얼룩날개모기속 암컷이 말라리아 질병을 매개합니다. 모기도 곤충의 한 종류이니 조류, 양서류, 박쥐류, 어류, 파충류 등 많은 동물의 주요 먹이로서 생태계의 지위를 확보하고 있어요. 그뿐만 아니라 식물의 수정을 도와 우리의 음식 생산과 영양에 이로움을 주지요.

도시 동물, 도시에 터 잡는 야생동물들
"도시의 혐오 조류 비둘기가 훈장을 받았다고?"

하늘을 날아다니는 것보다 걷는 모습이 익숙한 새가 있지요. 바로 비둘기입니다. 닭둘기라는 멸칭을 얻을 정도로 비둘기는 거리의 천덕꾸러기 취급을 당하고 있어요. 교각이나 건물 외벽을 서식 공간으로 삼다 보니 그곳에 쌓인 배설물이 눈살을 찌푸리게 하고 비위생적인 새라는 편견을 심어 주지요. 사람이 다가가도 잘 피하지도 않아요. 어쩌다 비둘기 떼가 날아오르면 사람들은 소리를 지르며 머리를 가방 등으로 가리기도 해요. 그런 행동이 비둘기를 더 혐오하게 만드는 악순환이 되는 것 같기도 하고요. 그렇지만 비둘기도 한때 평화와 우정의 상징으로 사람들의 사랑을 받던 적이 있어요. 대통령 취임식이나 올림픽, 프로야구 개막식 같은 큰 행사 때 비둘기를 날리곤 했어요. "하늘 높이… 행사 무드를 높여 줍니다." 1986년 국내 한 일간지에 실린 '파출 비둘기'에 관한 기사 제목입니다. 1950년대부터 비둘기를 행사에 쓰려고 사육했어요. 각종 행사에 비둘기 날리기 이벤트가 생기자 서울시 시설관리공단에서는 어린이대공원, 서울시청 옥상 등에 비둘기를 사육하면서 행사용 파출 비둘기를 빌려줬어요.

비둘기는 원래 귀소본능이 뛰어나 전서 역할을 했던 동물입니다. 이미 3,000년 전에 고대 이집트와 페르시아에서 비둘기를 소식 전달용으로 이용했다고 해요. 고대 그리스에서는 다른 도시로 올림픽 경기 승전보를 알리는 데 활용했고, 양차 세계 대전 때는 물론이고 1950년 한국전쟁 때에도 미국 통신부대가 전서구(편지를 보내는 데 쓸 수 있게 훈련된 비둘기)를 이용한 기록이 남아 있어요. 제1차 세계 대전의 최대 격전지 가운데 하나였던 베르됭 전투에서 독일과 프랑스는 어마어마한 희생을 치르며 격전을 벌이는 와중에 프랑스군 소속 전서구가 매우 중요한 문서를 전달했어요. 프랑스군이 아군을 적군으로 오인해서 포격할 뻔했는데 비둘기가 전해 준 문서 덕분에 많은 이의 목숨을 구할 수 있었다고 합니다. 전투가 끝난 후 프랑스군은 이 비둘기에게 최고 훈장인 레지옹 도뇌르 훈장을 수여했어요. 우리가 알던 비둘기 이미지와 사뭇 대조되지 않나요?

이렇게 귀소본능이 뛰어난 비둘기지만 행사용으로 사용되며 상자에 넣어진 채 옮겨지다 보니 방향감각을 잃고 제자리로 돌아가지 못하면서 전국으로 퍼지게 되었어요. 거기다 번식 능력까지 뛰어나 오늘날 혐오하는 조류가 되었지요. 현재 비둘기는 전국에 100만 마리 정도 있을 것으로 추정돼요. 개체 수가 너무 늘어나자 2009년에 환경부는 유해동물로 지정했어요. 행사용으로 날린 비둘기는 락 도브라고

귀소본능이 뛰어난 비둘기. ©최원형.

하는 집비둘기로 절벽 같은 곳에서 번식을 주로 하는 수입종이에요. 우리나라에도 토종 비둘기인 낭비둘기(또는 양비둘기)가 있어요. 흔하던 텃새였으나 외래종인 집비둘기가 유입되면서 번식지 경쟁에서 밀려난 데다 여러 잡종의 탄생으로 낭비둘기는 현재 매우 희귀해졌고 가까운 장래에 멸종 위기에 처할 것으로 우려하고 있어요. 생긴 모습이 집비둘기와 비슷해서 외래종으로 오해받고 그래서 양비둘기라는 잘못된 이름이 붙여졌어요. 이제라도 낭비둘기로 불러야 하지 않을까요? 현재 지리산 화엄사에 낭비둘기가 사는 것으로 알려져 있어요.

도시에서 비둘기는 매나 새매, 황조롱이 등 맹금류의 먹이가 되면서 생태계 형성의 한 축을 맡고 있어요. 또 낮 동안 도시의 거리를 누비며 바닥에 떨어진 음식물 찌꺼기를 먹어 치워 깨끗하게 청소하는 청소동물이기도 해요. 멀쩡히 잘 살고 있는 비둘기를 수입해 놓고 이제 문제가 된다고 유해동물로 지정해 버

렸네요.

도시에 많이 사는 조류로는 까치도 있어요. 까치는 과일을 파먹으며 과수농가에 피해를 줘 유해조수라는 오명을 뒤집어쓴 신세입니다. 높은 곳을 선호하는 까치는 높이 자란 나무가 드물어지자 대신 높은 전봇대에 둥지를 지어요. 1,000여 개가 넘는 나뭇가지로 몇 달에 걸쳐 지은 둥지 내부는 풀과 진흙, 동물의 털로 마감을 해서 아늑합니다. 파랑새나 황조롱이 같은 새들이 까치 둥지를 번식 둥지로 쓰려고 호시탐탐 노리곤 하지요. 그러나 전봇대에 지은 까치 둥지는 정전을 일으키는 주범이어서 발견되면 허무하게 털리곤 해요.

울산, 전북 김제, 수원, 화성 등의 도시에서는 떼로 몰려와 울음소리와 배설물 등으로 문제를 일으키는 떼까마귀로 시민들이 골치를 앓고 있어요. 떼까마귀는 몽골 북구, 시베리아 등지에서 지내다 추워지는 10월부터 우리나라로 와서 월동하는 겨울 철새인데요. 과거에는 농경지에서 먹이 활동을 하며 지내던 떼까마귀들이 갑자기 도시에 나타나기 시작한 건 산림, 경작지 등 서식지가 줄었기 때문입니다. 울산의 경우는 오염되었던 태화강을 정비하자 강변에 있는 대숲으로 떼까마귀들이 옮겨 가면서 문제가 해결되었을 뿐만 아니라 까마귀 떼가 생태관광 상품이 되었어요. 해 질 무렵 떼까마귀 떼가 잠자리로 돌아와 군무를 펼치는 장면을 보려는 사람들의 발길이 잦아지고 있거든요.

길고양이에게 먹이를 주는 일은 생태적일까?

개와 함께 전 세계에서 가장 많이 기르는 반려동물이 고양이입니다. 길고양이의 처지를 측은하게 생각한 캣맘과 캣파가 먹이를 주며 돌보는데요. 이 문제로 사람들 사이에 잦은 갈등이 빚어지곤 합니다. 고양이에게 밥을 주는 건 고양이 개체 수를 늘리는 문제에만 그치지 않거든요. 고양이 먹이는 고양이뿐 아니라 너구리, 족제비 등 야생동물을 불러들여 인수공통 감염병 등의 문제를 일으킬 수 있어요. 고양이가 번식기에 내는 울음소리로 밤잠을 설친다는 주민들도 있고요. 무엇보다 많은 이들이 좋아하지만 고양이에 호감을 느끼지 않는 사람도 분명 있다는 거지요. 전 세계적으로 조류 죽음의 첫째 원인이 고양이라는 불편한 진실도 있어요.

고양이는 언제부터 인류와 함께 살았을까요? 신석기에 농업혁명으로 잉여 생산물이 생기자 쥐가 인간의 공간으로 들어오고 쥐의 천적인 고양이가 따라 들어온 게 시작이라고 합니다. 선사시대 유적지인 키프로스의 실로우캄보스(Shillourokambos) 유적지에는 기원전 7500년 무렵에 지어진 걸로 추정되는 무덤이 있는데 그 속에서 인간의 뼈와 고양이 뼈가 발굴되었어요. 인간과 고양이의 관계를 보여 주는 현재까지 확인된 가장 오래된 자료입니다. 팔레스타인 예리코 유적지, 터키 하실라르 유적지 등에서 고양이 이빨과 뼈가 발견되었고요. 그러나 인간과 관계를 맺고 살긴 했지만 함께 생활했다는 증거로 볼 수는 없어요.

반려묘로 함께 살았다는 걸 입증할 수 있는 가장 오래된 자료는 이집트의 그림과 조각상이라고 해요. 이집트를 인간이 고양이를 길들였다고 추정하는 지역으로 보는 근거에는 나일강 주변이 농업으로 크게 번성했다는 점에 있어요. 곡식이 풍부해지며 쥐가 많이 몰려들었을 것으로 짐작합니다. 이집트, 리비아를 비롯한 북부 아프리가 지역은 아프리카들고양이의 주요 서식지이기도 합니다.

이집트에서는 고양이를 신성한 동물로 여겨 다산과 풍요의 여신인 바스테트의 상징으로 삼았고 급기야 고양이 미라까지 만듭니다. 지중해 무역을 하던 페니키아 상인들을 통해 이집트 밖으로 팔리기 시작하면서 고양이는 지중해를 중심으로 퍼져 나갔어요. 특유의 자유로운 기질로 인해 로마에서는 고양이가 자유와 독립의 상징이 되기도 해요. 로마제국이 팽창하면서 유럽 곳곳으로 퍼져 나갔고 이후 전 세계로 퍼지게 되었답니다. 곡물과 과일뿐만 아니라 밧줄, 돛, 갑판을 갉아 먹는 쥐를 잡는 용도로 고양이를 배에 태우기 시작해요. 한때 이탈리아 제노바의 보험업자들은 무역선에 고양이를 반드시 태워야 하는 걸 의무 조항으로 넣기도 했어요. 방역 기술이 발달하지 않은 시절 고양이는 유의미한 역할을 했고 그로 인해 전 세계로 퍼져 나갔을 겁니다.

영국 총리 공관인 다우닝가 10번지에는 내각부 수석 쥐잡이 제도가 있어요. 낡은 공관에 서식하는 쥐를 잡기 위해 고양이를 기르는데 말하자면 공적인 활동을 하는 고양이로 공인된 셈이지요. 우리나라에는 10세기 이전에 실크로드를 타고 중국을 통해 고양이가 들어와요. 살펴보면 고양이를 인간이 활용한 측면이 많아요. 고양이가 있는 곳에 쥐가 살지 못하니 여전히 고양이는 우리의 위생을 일정 부분 책임진다는 주장도 있어요. 고양이뿐만 아니라 쥐잡이 역할을 톡톡히 했던 동물로 족제비가 있는데 서식지 파괴로 그들의 개체 수가 급감했지요.

길고양이에게 먹이를 챙겨 주는 것이 인간의 개입이라는 주장도 있습니다. 다치거나 병든 길고양이를 구조해서 돌보는 일은 분명 필요한데요. 어떤 한 개체 수의 급증은 조화를 깰 수밖에 없어요. 어미 잃은 길고양이를 돌봐야 하는 상황이라면 중성화 수술을 반드시 시켜야 하고요. 먹이 그릇 관리도 철저히 해서 추가적으로 야생동물이 모여드는 일이 없도록 책임을 지는 자세가 필요해 보입니다.

야생동물이 왜 도시로 오는 걸까?

서울과 여러 도시에서 너구리를 봤다는 사람들이 부쩍 늘고 있어요. 공원을 산책하던 한 시민이 너구리 세 마리에 공격을 당해 중상을 입는 사고가 벌어지기도 했고 산책하던 반려동물을 무는 일도 이따금 일어납니다. 너구리는 광견병을 가지고 있을 확률이 매우 높은 동물이라 위협적일 수밖에 없어요. 사람이 먼저 해치지 않으면 너구리도 공격성을 띠지 않는 걸로 알려져 있으나 번식 시기에는 예민해진다고 해요. 더구나 너구리는 하천 주변을 서식지로 삼는데 그곳에 산책길을 많이 만들면서 사람과의 접촉이 늘고 있어요. 편의시설을 만들 때 야생동물의 생태를 이해하고 배려하는 게 필요해 보입니다.

수달이 도심 하천에서 발견되는 일이 잦아지며 우리는 수달이 돌아왔다고 반가워해요. 하지만 마냥 반갑지만은 않은 게 그들이 소음과 인공 불빛으로 화려한 도시로 몰리는 이유를 생각해 봐야 하기 때문입니다. 최근에 도시로 야생동물이 몰려드는 건 비단 우리나라만의 문제가 아니라 전 세계적인 현상입니다. 도시는 먹이가 풍부하고 야생보다 천적의 개체 수가 월등히 적은 데다 사람들은 더 이상 사냥을 하지 않으니까요. 또 생태적으로 사는 것을 미덕으로 삼는 사람들이 늘어나고 있고요. 야생처럼 환경이 급변하는 일도 드물고 춥지 않게 겨울을 지낼 만한 곳이 도시에 많다는 것도 야생동물이 도시로 몰리는 이유입니다. 그러나 빌딩이나 유리 방음벽에 부딪쳐 목숨을 잃는 조류가 우리나라에서만 연간 800만 마리라는 숫자를 생각해 보면 여전히 도시는 야생동물이 살기에 힘든 곳이기도 합니다. 무조건 돌봐야 한다는 생각도, 야생에서 사는 동물이니 내버려둬야 한다며 처지를 헤아리지 않는 생각에도 균형이 필요해 보입니다.

그렇다면 우리는 어떤 대안을 찾아야 할까요? 인간의 활동 공간과 거리를 두기 위해서는 야생동물들의 서식지가 복원될 필요가 있어요. 개발하기에 앞서 그곳에 어떤 야생동물들이 살고 있는지, 어느 정도의 개발이 그들의 삶에 어떤 영향을 미칠지 환경 영향 평가를 이모저모 꼼꼼히 해서 가능하면 최소한의 개입으로 야생에서의 삶이 이어질 수 있도록 하는 배려가 절실합니다. 야생동물이 도시를 떠돌며 인간이 내다 버린 쓰레기를 뒤지지 않고 야생의 삶으로 귀환할 수 있도록 하는 방법이 필요해 보입니다. 그들을 도시로 불러 모은 게 사람이니 결자해지의 자세로 다시 돌아갈 다리를 놓아야 하는 일 역시 인간에게 주어진 의무라 생각합니다.

12월

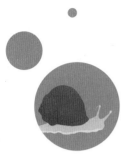

흙과 토양생물, 건강한 흙이 인류를 건강하게

"해마다 낙엽이 쌓일 텐데 숲 바닥은 왜 늘 일정한 높이일까?"

숲 바닥에는 늘 낙엽이 쌓여 있어요. 해마다 가을이면 낙엽이 수북이 쌓일 텐데 어떻게 숲 바닥은 늘 일정한 높이를 유지하는 걸까요? 또 하나 신기한 것은 숲에 사는 그 많은 동물이 먹고 먹히기도 하지만 자연사나 병으로 죽기도 할 텐데 어째서 동물의 사체를 보기 어려운 걸까요? 흔히 자연으로 돌아갔다고 표현하는 바로 그 분해 과정을 통해 흙으로 식물의 양분으로 계속 순환하기 때문이지요. 그렇다면 분해는 대체 누가 어떻게 하는 걸까요?

대다수 사람이 도시에 살면서 흙 한 번 밟지 않고 하루를 보내는 날이 많아요. 이젠 마트에서도 흙 묻은 채소를 보기가 드물어졌고요. 깨끗해진 채소를 보면서 흙은 눈에 띄면 불편한 것인가 하는 생각도 들어요. 도시인에게 흙은 어떤 의미가 있을까요? 묻으면 안 되는 것, 필요는 한데 지저분한 것? 우리는 흙을 제대로 알고 있나요? 흙이 만들어지는 과정을 앞서 이끼와 지의류, 버섯 등을 통해 살펴보았는데요. 그렇다면 흙이란 무엇일까요?

흙은 암석이나 동식물의 유해가 오랜 기간 침식과 풍화를 거쳐 만들어진 땅을 구성하는 물질이며 토양이라고도 해요. 보통 흙이라고 하면 암석이 잘게 부서진 물질로 이해하기 쉽지만 생물이 분해된 것이 섞여 있어 식물이나 미생물이 살 수 있는 물질이 흙입니다. 해마다 가을에 낙엽이 쌓여도 숲 바닥의 높이가 늘 일정한 까닭은 미생물이 있기 때문이지요.

건강한 흙에는 언제나 곰팡이와 박테리아를 포함한 미생물이 있어서 낙엽을 분해해 흙으로 순환시켜요. 토양 1g 속에는 미생물이 대략 100억 마리가량 살고 있는데 우리가 인지할 수 있는 미생물은 고작 전체 미생물의 1% 정도라고 합니다. 미생물뿐만 아니라 흙 속에는 미소동물도 살아요. 지렁이, 꽃무지 애벌레, 땅강아지, 집게벌레, 쥐며느리, 공벌레, 톡토기, 응애 등이 살면서 땅을 헤집고 먹이를 먹고 배설하는 과정에 흙이 기름져지고 토양 생태계가 건강하게 유지되지요. 흙 1ha 속에 대략 박테리아 1,700kg, 균류 2,700kg, 원생동물 150kg, 연체동물과 절지동물 1,000kg이 살아가고 있어요. 그러니 흙은 단순한 암석 부스러기가 아닌 수많

토양 속 지렁이. ⓒ최원형.

은 생명들의 공동체라 할 수 있겠습니다.

흙 속에 수많은 미소생물과 미생물이 있다는 걸 늘 염두에 둔다면 살충제나 농약의 문제가 새롭게 보일 거예요. 살충제는 농업 환경에서 곤충, 잡초, 곰팡이를 포함한 해충을 방제하는 화학 물질입니다. 작물을 보호하고 수확량을 늘리는 데 한시적인 효과도 있겠으나 토양 유기체와 토양 생태계에 악영향을 끼칠 가능성도 늘 있지요. 2021년 국제 학술지 〈환경과학 프론티어(Frontiers in Environmental Science)〉에 "살충제 및 토양 무척추동물-위험 평가"에 관한 논문이 게재되었어요. 연구 결과 살충제는 토양 생태계를 건강하게 유지하고 모든 생명체를 지탱하는 지렁이를 비롯한 작은 유기체에 광범위한 피해를 주고 있는 것으로 밝혀졌어요. 살충제의 환경에 대한 영향 평가에 있어 토양생물은 지금까지 거의 고려되지 않았고, 미국의 경우는 오직 꿀벌에 대해서만 화학 물질 시험을 하고 있다는 경고도 논문에 함께 실려 있어요.

건강한 토양을 유지하려면 살충제의 안전성을 검토할 때 토양 유기체의 안전성도 고려해야 합니다. 살충제가 토양생물에 해를 끼치는 정도를 안전성 평가 기준에 둬야 하는 까닭은 뭘까요? 토양생물은 많은 수분 매개 곤충, 포유류, 조류보다 크기가 훨씬 작기도 하고, 뿌려진 화학 물질은 결국 토양으로 축적될 수밖에 없기 때문이지요. 딱정벌레와 지렁이 등은 확실히 타격을 받는다는 연구 결과가 나왔고요. 많은 벌이 땅에 집을 짓는다는 걸 감안하면 살충제의 피해는 훨씬 더 클 수 있어요. 곤충, 조류, 포유류 등 많은 동물군의 수가 줄고 있다는 얘기는 이미 알려져 있지만 땅속에 살아가는 생물들이 그 많은 농약과 살충제로 피해를 보고 있다는 건 별로 알려지지 않은 것 같아요. 최근에는 미세플라스틱이 토양생물에 심각한 악영향을 끼친다는 연구도 있었어요.

장마 때 흙탕물로 흙이 쓸려 가 버려도 괜찮은 걸까?

기온과 습도가 높은 여름철에는 한번 비가 내리면 국지성 폭우가 쏟아져요. 짧은 시간에 집중적으로 내리는 비로 인해 여러 재난이 벌어지는데요. 많은 비가 내리면서 지반이 약해져 산사태가 일어났다는 뉴스도 간혹 들려옵니다. 그런데 비가 많이 내리면 무조건 지반이 약해질까요? 전문가에 따르면 비가 많이 내려 지반이 약해진 게 아니라 산에 임도를 만들거나 개발 등으로 나무를 벌목하면서 흙이 드러난 곳에 산사태가 집중적으로 발생하고 있다고 해요. 나무와 풀은 뿌리로 흙을 잡고 있을 뿐 아니라 수많은 잎이 물그릇 역할을 합니다. 이끼의 잎 하나하나가 물그릇 역할을 하듯이 말이지요. 또 땅속 생태계가 건강하다면 물을 흡수할 공간이 충분하기에 흙이 쓸려 갈 정도의 재난이 벌어지지 않는다는 겁니다.

쓸려 간 흙은 강을 타고 바다로 흘러듭니다. 그 흙을 되돌릴 수는 없어요. 흙이 바람이든 빗물이든 외부의 힘에 의해 사라지는 걸 '토양 침식'이라고 합니다. 2015년은 토양의 해였고 해마다 12월 5일은 세계 토양의 날입니다. 토양과 관련한 기념일을 만들어야 할 만큼 현재 전 세계적으로 토양 침식은 심각한 상황입니다. 일 년에 1ha당 1톤의 표토가 만들어지고 13.5톤이 바람과 물에 쓸려 사라집니다. 더구나 기후 변화로 폭우와 가뭄이 지구 곳곳에서 벌어지면서 토양 침식 속도는 더 빨라지고 있어요. 새로운 흙이 생기기까지는 지각변동이 일어나고 수억 년의 시간이 흘러야 하니 흙은 재생 불가능한 자원인 셈이지요. 수산물을 제외하고 우리가 먹는 음식 대부분을 흙에서 얻으니 흙은 우리 삶에 필수 조건입니다. 유엔이 추산하기로 향후 토양 침식으로 많은 양의 음식이 사라질 것이고 전 세계 인구의 40%가량이 피폐한 삶을 살게 될 것이라고 해요.

토양 침식의 원인에는 과도한 경작도 포함됩니다. 미국의 화가 알렉상드르 호그(Alexandre Hogue)가 그린 〈벌거벗은 모태의 땅(Mother earth laid bare, 1936)〉은 밭을 가는 인간의 행위가 토양을 어떻게 망가뜨리고 있는지를 상징적으로 보여 줍니다. 벌거벗은 채 누워 있는 여자의 모습 아래로 쟁기가 놓여 있는 그림인데요. 1930년대 미국 농촌의 상황을 한 장의 그림으로 표현했다는 평가를 받고 있어요. 당시 미국은 더스트볼이라 불리는 엄청난 모래폭풍으로 고통의 시간을 보내고 있었으니까요.

버팔로가 누리던 드넓은 대평원이 있는 아메리카 대륙으로 유럽인들이 몰려오면서 20세기 초 미국은 전례 없는 격변을 맞이해요. 이주한 유럽인들은 버팔로 그래스(버팔로가 뜯어 먹는 가장 주요한 먹이)가 자라던 대지를 다 뒤집어엎고 밀이나 목화 등을 경작합니다. 수많은 사람이 몰려들었고 '쟁기 따라 비 온다'는 잘못된 믿음까지 가세하면서 들판을 농경지로 만들기 시작해요. 제1차 세계 대전 발발로 농산물 가격이 치솟던 때라 농경지를 넓혀야겠다는 생각은 더 강해졌지요.

버팔로 그래스는 여느 잡초와 마찬가지로 흙을 잡아 주고 습기를 가두는 능력이 뛰어나 어지간한 가뭄도 끄떡없이 넘길 수 있는 풀이었어요. 이런 버팔로 그래스가 다 사라지고 속살을 드러낸 땅이 겨울 동안 세찬 바람에 그대로 노출되니 토양 침식이 일어나지 않을 도리가 있을까요? 당시 농경지를 확대하는 데만 골몰했지 토양 생태에 대해선 무지했던 사람들에게 재난이 줄을 잇습니다. 제1차 세계 대전이 끝나고 세계적인 곡물 가격이 하락해요. 곡물 가격이 올랐기에 생산량을 늘렸던 터라 공급과잉으로 손해가 쌓이기 시작해요. 미국 농민들은 줄어든 소득을 만회하려고 곡물 생산을 더 늘리는 방법을 택합니다. 당시는 대부분 나라가 보호무역주의를 기조로 삼던 터라 수출길이 막히며 곡물 가격은 더 하락했고 이런 악순환 속에 농경지는 늘어 갔어요. 1920년대에 이례적으로 비가 풍부했다가 30년대부터 가뭄이 찾아옵니다. 1935년에 기록적인 더스트볼이 발생하는데 높이 3km가 넘는 모래 먼지가 무려 3,000km 넘게 이어지며 동부 해안까지 덮쳤어요. 뉴욕 자유의 여신상이 뿌옇게 가려진 사진은 지금도 유명합니다. 존 스타인벡의 책 《분노의 포도》에 당시 미국인의 삶이 얼마나 비참했는지가 상세히 묘사돼 있어요. 이런 더스트볼이 최근 2021년에 브라질에서 재현되었어요. 브라질을 강타한 가뭄에 강풍까지 겹치면서 발생했다지만 열대우림이 울창했다면 가뭄이 애당초 발생했을지, 그랬더라면 그런 거대한 모래폭풍이 몰려왔을지 의문이 꼬리에 꼬리를 물고 듭니다.

요즘 농업은 대량생산에다 단작 재배를 하는 산업농업이 주를 이룹니다. 한꺼번에 수확한 뒤 남겨진 땅에서 벌어지는 토양 침식을 당장 경제적 손실로 계산하는 사람은 드물어요. '비료를 듬뿍 뿌리면 또 곡물은 자랄 테니까' '몰려드는 병해충에는 더 강력한 살충제를 뿌리면 되니까'라고 생각하니까요.

공항을 생태 텃밭으로 바꾸었다고?

버팔로 그래스가 사라진 땅이 재난을 초래했다고 했는데요. 대개 농사는 가을이면 수확을 해요. 늦가을부터 봄에 씨를 뿌리고 싹이 나 어느 정도 작물이 자랄 때까지 땅은 맨흙으로 지냅니다. 봄이 되어 농사를 시작하려 밭을 갈아요. 밭을 가는 일이야말로 토양 침식의 가장 큰 원인 가운데 하나입니다. 밭의 흙을 갈아엎으면 흙이 품고 있던 수분이 증발하고 푸슬푸슬해진 흙은 바람에 날아가 버립니다. 하우스 농업이 대세가 되다 보니 땅은 도통 비를 만날 수가 없어요. 거기다 비료와 살충까지 뿌리니 토양 미생물이 살아남을 방법이 있을까요?

토양 미생물이 사라진 땅은 지력이 떨어지니 더 많은 비료를 필요로 하고 더 많은 병충해가 생깁니다. 그런데 우리가 흔히 잡초라 표현하는 여러해살이풀이 그 땅을 덮고 있다면 어떨까요? 잡초의 뿌리가 흙을 단단히 붙잡고 있겠지요. 뿌리가 뻗어 내려가고 토양 미생물이 활발하게 움직이면서 땅속으로 산소가 유입되고 물이 스며들 틈이 자연스레 생깁니다. 추수가 끝나면 보리와 밀, 메밀 등을 심어 피복작물의 역할을 하지요. 검정 비닐로 멀칭하는 밭에 비닐 대신 낙엽이나 왕겨로 멀칭할 수 있다면 토양생물에게도 이로울 겁니다.

토양생물 다양성은 토양 구조를 유지하고 영양분을 순환시킬 뿐만 아니라 탄소를 고정하고 해충 및 질병을 조절하는 등 지속 가능한 생태계를 만들어요. 미소동물이 토양 속을 돌아다니면서 통기성을 높이고 물을 침투시켜 물 보유량을 증가시키지요. 지렁이는 1ha당 최대 8,900km의 수로를 건설할 수 있다고 해요. 이렇게 통기성이 높아지면 토양 침식을 50%까지 줄일 수 있는 등 전반적인 생태계 기능에 중요한 역할을 합니다. 땅속에 사는 생물들의 건강이 곧 토양의 건강을 의미하고 우리는 토양에서 길러진 것을 먹고 사니 우리의 건강과도 곧장 연결되지요. 흙은 모든 생명을 잉태하고 키워 내는 어머니입니다.

안타이오스와 헤라클레스의 결투는 수많은 조각상과 그림에 등장하는데요. 언제나 포즈는 한결같이 헤라클레스가 안타이오스를 들고 있어요. 안타이오스는 바다의 신인 포세이돈과 땅의 신인 가이아의 둘째 아들로 힘이 장사인 데다 발이 땅에 닿을 때마다 힘이 더 강해지는 특성이 있어서 아무도 대적할 수 없었다고 해요. 헤라클레스와 시비가 붙었을 때 헤라클레스는 안타이오스의 단점을 알게 되어 그의 발을 대지에서 완전히 떼어내고 약해진 틈을 타 목을 졸라 죽입니다. 어디 안타이오스뿐일까요? 우리는 대지에 발을 딛고 대지가 키운 것으로 목숨을 잇습니다. 그럼에도 흙을 식물이 자라는 곳으로만 인식하고 흙 생태에는 정말 무지했던 것 같아요. 2020년 유엔 보고서에 따르면 토양을 황폐화시키는 일을 중단하고 당장 획기적인 방법으로 흙을 되살릴 방법을 찾지 못한다면 토양의 미래는 어둡다고 합니다. 토양생물 가운데 많은 무척추동물은 해충을 방제하는 역할을 하고 선충류와 진드기는 작물에서 질병을 일으키는 박테리아를 먹어 치웁니다. 딱정벌레와 기생벌 같은 포식자가 작물 생산을 방해하는 절지동물을 먹이로 삼고요. 살충제와 비료, 농약 등으로 서식지가 훼손되면서 토양생물이 최근 수십 년 동안 이미 많이 사라졌고 앞으로도 농업의 방식이 달라지지 않는다면 황폐한 땅이 남겨지지 않을까 우려스럽습니다. 살충제 없이 농사를 지으면 벌레가 갉아 먹은 흔적이 있는 채소를 사 줄 소비자도 필요하겠죠.

2017년 독일연방 통계청 기준으로 독일의 유기농 재배지는 전체 농장의 11%에 이르는 127만ha에 이릅니다. 유기농이 이렇게 확대된 배경에는 1986년 스위스 바젤에 있는 산도스 화학회사 화재 사고가 있어요. 30여 톤의 살충제, 제초제 등 독성 화학 물질이 라인강으로 흘러들며 스위스에서 독일에 이르는 라인강 320km가 오염되었죠. 수중 생태계가 완전히 파괴되고 경제적 손실까지 입은 어마어마한 사고였어요. 화학 물질이 얼마나 환경에 파괴적인지 그때 많은 시민이 깨닫게 된 거지요.

독일 뮌헨의 운터하힝에는 자연공원이 넓게 펼쳐져 있고 과수원도 있어요. 그곳에 들른 누구나 사과를 따 먹을 수 있습니다. 1990년 통일되기 전까지 독일은 막강한 군사력을 보유한 나라였는데요. 통일 이후 운터하힝에 있던 군사기지를 폐쇄하기로 결정하면서 그곳을 어떻게 사용할까 주민과 건축가 등이 머리를 맞대고 토론을 해요. 그러다 활주로를 걷어 내고 자연공원을 만들기로 의견을 모읍니다. 우리나라라면 어떻게 했을까요? 대단지 아파트를 지었을까요? 군사기지로 사용하던 땅에서 유독성 화학 물질, 방사성 물질 등이 검출되었지만 지금은 풀씨가 날아오고 나무가 자라면서 토양 생태계도 회복하고 있어요.

　도시의 땅은 대부분 아스팔트로 뒤덮여 있어요. 땅이 숨을 쉴 수가 없고 비가 오면 쓸려 가는 데다 폭우가 내리면 그대로 홍수로 이어집니다. 흙에서 태어나 흙에 의지해 살다가 다시 흙으로 돌아가는 우리는 안타이오스의 후예라는 걸 잊지 말아야겠어요.

큰고니, 철새들의 이동
"철새들은 도대체 어디에서 지내다 오는 걸까?"

입춘도 지나고 이제 기온이 올라가기 시작하면 기러기류, 오리류, 고니류 등 겨울 철새들이 북쪽으로 이동을 시작해요. 더운 여름이 지나고 찬 바람이 부는 늦가을이 되면 다시 우리나라에 찾아오지요. 여름 철새는 겨울 철새와는 반대 방향으로 이동하고요. 그렇다면 대체 철새들은 어디에서 지내다 오고 또 가는 걸까요?

러시아 작곡가 표트르 차이콥스키가 작곡한 음악에 맞춰 공연하는 발레 〈백조의 호수〉를 저는 무척 좋아합니다. 곡도 발레도 아름답지요. 그런데 백조라는 새는 새 도감에 없어요. 백조는 한자로 흰 새라는 뜻인데 고니를 이르는 말이랍니다. 우리나라에 겨울이면 찾아오는 고니는 세 종류입니다. 고니, 큰고니, 혹고니로 고니와 큰고니는 부리로 구분이 가능한데 요즘 우리나라에 찾아오는 대부분의 고니는 큰고니입니다. 〈백조의 호수〉는 나쁜 마법사의 저주에 걸려 백조로 변한 오데트 공주와 왕자의 사랑이 주요 줄거리인데 러시아 민담을 바탕으로 시나리오를 만들었다고 해요. 러시아에 백조를 흔히 볼 수 없었다면 이런 민담이 있었을까요?

큰고니(왼쪽)와 고니(오른쪽) 부리 차이. 고니의 부리에 까만 부분이 더 많다. ⓒ최원형

우연한 일이겠지만 2020년에 우리나라에 찾아오는 큰고니가 러시아와 우리나라를 오간다는 사실이 밝혀졌어요. 과거에는 여름에 흔히 보이던 새가 어느 순간 안 보였다가 다시 보이기 시작하니 겨울 동안은 새들이 땅속에 숨어 있을 거라고 생각하는 사람도 있었다고 해요. 그 후 관찰을 통해 따뜻한 봄이 오면 겨울 철새들이 북쪽으로 날아가는 것을 알았고 그래서 막연히 북쪽 어디쯤에 머물 거라 짐작했을 거예요. 교통과 통신이 발달하

면서 이제 새들의 이동 경로가 점점 세밀하게 밝혀지고 있어요. 고니처럼 크고 목이 긴 새의 목이나 발목에 밴딩을 해서 새들의 지역 간 이동을 식별하기도 하지요. 조류의 몸에 GPS 추적기를 달면 이동 경로를 훨씬 구체적으로 추적할 수 있거든요. 가끔 새들에게 이런 표식이 붙어 있는 걸 본 사람들이 새가 다친 걸로 오해하기도 해요.

큰고니가 경남 창원에 있는 주남 저수지를 떠나 북한-중국-단동-내몽골-러시아 예벤키스키군 습지-러시아-내몽골-주남 저수지로 돌아오는 8,265km의 여정을 평균 시속 51km로 해냈다는 사실이 큰고니에 부착된 위치추적 장치로 확인되었어요. 물론 중간에 쉬기도 하고 또 우리나라에 와서 겨울을 지내고 다시 북쪽으로 가서는 번식도 하며 일 년을 보냅니다. 오가는 길이 언제나 평화로울 수는 없겠지요. 이동 중 예상치 못한 일이 벌어질 수도 있고요.

철새들은 왜 이렇게 힘들게 왔다 갔다 하는 걸까?

한곳에 터 잡고 사는 게 훨씬 쉬울 텐데 왜 새들은 왔다 갔다 하는 걸까요? 큰고니는 러시아 아무르강, 몽골 오논강 주변 습지에 둥지를 마련하고 알을 품어 새끼를 길러요. 새끼의 날개에 힘이 붙어 날 수 있게 되면 이제 겨울이 오기 전에 남쪽으로 내려가야 합니다. 이들이 살던 습지가 꽁꽁 얼어붙거든요. 큰고니의 먹이는 습지에서 자라는 수초의 뿌리인데 얼어붙은 습지에서 어떻게 먹이를 찾을 수 있겠어요? 고니는 가족 단위로 이동을 하는데요. 부모는 앞뒤에서 새끼들을 가운데 두고 이동합니다. 태어나 처음으로 먼 거리를 날아야 하는 새끼들을 잘 이끌며 이동하는 것이죠.

우리나라 주남 저수지, 낙동강 하구 명지 갯벌, 을숙도, 강원도 동해안 호수, 경안 습지 등이 고니들이 많이 찾는 곳입니다. 특히 을숙도에는 고니들이 가장 좋아하는 새섬매자기가 있어요. 새섬매자기는 녹말이 풍부한 식물로 특히 알뿌리를 고니들이 가장 좋아합니다. 그런데 낙동강 하구 주변의 난개발과 가뭄으로 습지의 염분이 올라가면서 새섬매자기가 급격히 줄어들었어요. 힘겹게 먼 거리를 날아온 고니들은 얼마나 힘들고 지칠까요? 낙동강에서 멀지 않은 주남 저수지에 최근 고니 개체 수가 늘고 있는데 그 이유로 낙동강 쪽의 먹이 부족을 들고 있어요. 이런 사정을 알게 된 부산시와 관련 기관에서 고니들이 먹을 새섬매자기를 심는 등 노력을 하고 있는데 먹이만 심어서 해결될 문제일까 싶어요. 고니들이 와서 편히 쉴 수 있으려면 개발 문제도 다시 검토해 봐야 하지 않을까요?

큰고니

큰고니는 시베리아 등 유라시아 아한대 지역에서 번식을 합니다. 얕은 물 위에 풀잎과 줄기를 이용해서 둥지를 짓고 5월 하순에서 6월 초 사이에 흰색 알을 3~7개 정도 낳아요. 암컷 혼자 알을 품어서 35~42일쯤 되면 새끼들이 부화합니다. 부화한 새끼들은 석 달 정도가 지나면 하늘을 날 수 있게 됩니다. 그때가 대략 9월 하순 무렵이지요. GPS 추적기로 확인된 큰고니 기록에 따르면 9월 29일 러시아 예벤키스키군 습지에서 출발해서 바이칼호 인근 습지와 내몽골자치구 퉁랴오에 머물다 11월 9일 출발해서 11월 10일 주남 저수지에 도착했어요. 갈 때는 4,036km 돌아올 때는 4,229km가 걸렸고요.

이동하는 새들에게 위협이 되는 건 어떤 게 있을까?

중요한 질문이에요. 유리창이나 빛 공해가 새들의 이동 경로에 방해가 되고 위협적일 수 있어요. 기후 변화로 폭우가 비정상적으로 내린다면 이동하는 새들에겐 어떤 영향이 있을까요? 해마다 태풍이 더 강력하고 더 많이 발생하는 경향이 있어요. 바닷물 온도가 올라가니 증발하는 수증기 양이 많아지고 이로 인해 태풍 발생도 늘어나는 추세입니다. 난기류 발생 빈도가 증가해 항공 운항에 지장을 주니 새들 또한 영향을 받을 수밖에 없어요. 개발 등으로 지형이 크게 변하는 것도 새들에겐 불리한 환경입니다. 전쟁은 새들의 이동에 영향이 없을까요?

유럽 불가리아에서 그리폰독수리 몸에 GPS를 부착했어요. 이 독수리는 4,000km를 넘게 날아 아프리카 예멘에 도착했는데 그만 예멘 정부군에게 포획되고 말았어요. 본래 가야 할 방향이 아닌 엉뚱한 곳으로 잘못 날아간 거였어요. 당시 예멘은 내전 중이었는데 독수리 몸에 GPS가 부착되어 있으니 정부군 입장에서는 이 독수리가 내전을 일으킨 반란군에게 군사 기밀을 보내는 걸로 의심을 했던 거지요. 그래서 독수리를 가두었는데 예멘 사람들이 독수리 몸에 있는 표식에 불가리아 전화번호가 있는 걸 확인하고는 그린 발칸과 불가리아의 야생동식물기금 등에 연락을 취했다고 해요. 독수리를 풀어 주기 위한 외교적인 노력도 이루어졌고요. 내전으로 질병과 굶주림에 시달리던 예멘 사람들이 독수리가 기운을 차릴 수 있도록 고기와 물을 주며 돌봤다는 거죠. 다시 불가리아로 날아서 돌아가려면 에너지가 필요할 거라는 생각까지 했다는 사실이 믿어지나요? 전쟁으로 희생당할 뻔했던 독수리가 사람들의 호의로 무사할 수 있었던 너무나 뭉클한 얘기지만 이런 행운을 늘 기대할 수 있을까요? 그러니 지구에 사는 모든 생명이 평화롭기 위해서라도 전쟁은 사라져야 합니다.

겨울이 끝나 갈 무렵이면 고니를 비롯한 새들이 다 돌아가고 잠시 조용하나 싶으면 여름 손님이 찾아와 또다시 시끌벅적해질 겁니다. 이 시끌벅적한 소리는 곧 생명의 소리입니다.

고니는 밤하늘에서도 찾을 수 있어요. 고니자리가 있거든요. 특히 여름철 대삼각형♥ 가운데 한 꼭짓점인 데네브가 고니자리의 별이랍니다. 사실 밤하늘에는 새와 관련된 별자리가 꽤 있어요. 극락조자리, 독수리자리, 비둘기자리, 까마귀자리, 두루미자리, 공작자리, 큰부리새자리. 옛사람들의 상상력이 멋지지 않나요?

철새들. ⓒ최원형.

♥ 여름철 밤하늘을 올려다보면 특히나 밝게 빛나는 별이 세 개 있습니다. 거문고자리의 알파별 베가, 독수리자리의 알파별 알타이르, 그리고 고니자리의 알파별인 데네브. 이 세 개의 별을 이으면 밤하늘에 커다란 삼각형이 만들어져요.

참고 자료

1월

- **책** 《털 없는 원숭이》, 데즈먼드 모리스 저, 김석희 역, 문예춘추사, 2020.

2월

- **책** 《겨울나무》, 김태영, 이웅, 윤연순 저, 돌베개, 2022.
- **책** 《괴테의 식물변형론》, 요한 볼프강 폰 괴테 저, 이선 역, 이유출판, 2023.
- **책** 《꽃의 제국》, 강혜순 저, 다른세상, 2002.
- **기사** 김민철, "[김민철의 꽃이야기] 초봄 꽃은 왜 노란색이 많을까?", 조선일보, 2021.04.05.

3월

- **기사** 신선미, "딱따구리 둥지만 보기에도 인생이 짧습니다", 동아사이언스, 2015.05.10.
- **책** 《나의 생명 수업》, 김성호 저, 웅진지식하우스, 2011.
- **웹** https://www.ecaudubon.org/dean-hale-woodpecker-festival/
- **기사** 이상훈, "고려시대 연꽃 씨앗 700년 만에 개화", MBC NEWS, 2010.07.07.

4월

- **기사** 이태수, "따뜻할수록 서양민들레 빨리 피고 '모기천적'도 일찍 등장", 연합뉴스, 2018.11.28.
- **기사** 김기범, "마구잡이로 세운 도로변 울타리 탓에 '멸종위기 산양' 아사 위기", 경향신문, 2023.12.19.
- **책** 《인섹타겟돈》, 올리버 밀먼 저, 황선영 역, 블랙피쉬, 2022.
- **책** 《침묵의 봄》, 레이첼 카슨 저, 김은령 역, 홍욱희 감수, 에코리브르, 2024(개정증보판).
- **기사** 이강운, "한겨울에 태어나는 생명들…붉은점모시나비는 소한에 알을 깬다", 한겨레, 2024.02.02.
- **기사** 강석기, "개구리 '겨울잠의 비밀' 풀렸다, 개골개골", 동아일보, 2009.10.02.
- **기사** 송준섭, "눈 온다고 뿌린 제설제, 개구리 성별 바꾼다", 동아사이언스, 2016.11.23.

5월

- **영상** 뉴스펭귄, "비하우스 만드는 방법"(서울교육대학교 과학교육과 신동훈 교수 제공 영상), 유튜브 https://www.youtube.com/watch?v=HnWtxH2s7RI
- **기사** 강찬수, "살충제와 콘크리트 포장 탓에 도시·농촌 야생벌 90% 사라져", 중앙일보, 2022.05.21.

- **기사** 조은비, "[벌이 받는 오해①] 야생벌은 알아서 잘 지내고 있을까?", 뉴스펭귄, 2023.06.02.
- **보고서** 그린피스, 박종원 부경대학교 법학과 교수, 〈보호받지 못한 보호지역〉, 2024.06.
- **기사** 조은비, "[벌이 받는 오해②] 밀원숲 조성이 가진 허점", 뉴스펭귄, 2023.06.03.
- **기사** 김혜리, "캘리포니아에서 벌이 '곤충'이 아니라 '어류'인 이유는?", 경향신문, 2022.06.08.
- **기사** 이은혜, "[건강밥상을 위한 볍씨의 변신 : 토종볍씨, 5천년 한민족의 밥맛②] 우리나라 최초의 재배 벼 '고양 가와지볍씨'", 한국농업신문, 2021.08.20.
- **기사** 김호섭, "시민자연유산 1호 '강화도 매화마름 군락지'", 한국일보, 2004.05.27.
- **기사** 윤원섭, "벼농사, 세계 농업 온실가스 배출량 10% 차지…기후스마트농업 활성화 위해선 정책지원 필요", 그리니엄, 2022.07.07.
- **웹** (사)한국수달보호협회(http://akoc.org/otterInfo.html)

6월

- **기사** 박진영, "친환경 농법 '왕우렁이' 생태교란…수거 철저히", KBS뉴스, 2022.07.06.
- **기사** 김형자, "제주도에서는 까치가 흉조(凶鳥)?", 한겨레, 2008.02.13.
- **기사** 조태형, "사람 200명, 사슴 1000마리 '불편한 동거'…영광 안마도의 내일은", 경향신문, 2024.02.20.
- **기사** 임병선, "늑대 복원 25년…옐로스톤 국립공원은 어떻게 변했을까?", 뉴스펭귄, 2020.02.03.
- **기사** 김기범, "한반도서 유래한 항아리곰팡이 탓, 최근 50년 동안 양서류 90종 멸종", 경향신문, 2019.03.29.
- **책** 《도로 위의 야생동물》, 최태영 저, 국립생태원, 2016.
- **책** 《한국고라니》, 김백준, 이배근, 김영준 공저, 국립생태원, 2016.
- **기사** 김양순, "로드킬① 여기가 로드킬 다발지역…최초 제작 '야생동물 로드킬' 지도", KBS뉴스, 2016.06.20.

7월

- **기사** 김수연, "4억년 견딘 '히말라야 이끼' 지구온난화로 멸종 위기", 더나은미래, 2023.08.10.
- **웹** 서울도시농업(https://cityfarmer.seoul.go.kr/content.do?key=1905228827837)
- **학술지** AAAS, 〈Science〉, 2023.10.20.
- **기사** "[궁금한S] 여름을 알리는 곤충 '매미' 과학적으로 살펴보기", YTN사이언스, 2020.08.28.
- **기사** "매미 소리에도 사투리가 있다?…매미연구가 윤기상 박사", YTN사이언스, 2018.08.07.
- **기사** "[애니팩트] 육지 매미와 섬 매미 소리는 다르다", 한국일보, 2018.07.30.
- **영상** 한국 매미, "한국매미_쓰름매미 울음소리2", 유튜브 https://www.youtube.com/watch?v=EGZH0-0WaHA

- **기사** 윤희일, "이러다 칡덩굴이 한반도 산림 다 덮는다…덩굴류 피해 확산", 경향신문, 2021.09.22.

8월

- **책** 《곤충연대기》, 스콧 R.쇼 저, 양병찬 역, 행성B이오스, 2015.
- **논문** Francisco Sánchez-Bayo, Kris A.G. Wyckhuys, "Worldwide decline of the entomofauna: A review of its drivers", 〈Biological Conservation〉, Volume 232, April 2019, Pages 8-27.
- **기사** 이혜수, "네덜란드에서 배우는 물과 잘 지내는 법", KDI 경제정보센터, 2022.10.
- **기사** 최영재, "침식피해에 동해안 최대·최고 해안사구 결국 폐쇄", 강원일보, 2022.07.28.
- **책** 《작은 것들이 만든 거대한 세계》, 멀린 셸드레이크 저, 김은영 역, 아날로그, 2021.
- **기사** 한승동, "곰팡이는 지구를 지켜주는 '3대 고등생물'입니다", 한겨레, 2019.10.19.

9월

- **기사** 조홍섭, "먹힐까 남길까, 수컷 사마귀의 짝짓기 '사투'" 한겨레, 2021.01.26.
- **기사** "Male praying mantis fights to avoid being eaten", UNIVERSITY OF AUCKLAND, 20 January 2021.
- **기사** 이병채, "잠자리를 절대 잡아서는 안 되는 이유", 중앙일보, 2016.09.21.
- **기사** 윤순영, "잠자리 사냥 '달인' 비둘기조롱이의 현란한 비행술", 한겨레, 2019.10.19.
- **기사** 이성규, "사냥 성공률 95%…잠자리 비행 비결은?", YTN사이언스, 2015.01.30.
- **책** 《지구의 마지막 숲을 걷다》, 벤 롤런스 저, 노승영 역, 엘리, 2023.
- **논문** Seirian Sumner, "Why we love bees and hate wasps", 〈Ecological Entomology〉, Volume 43, Issue 6, December 2018, Pages 836-845.
- **기사** 전익진, "꿀벌 씨 말리는 '등검은말벌' 천적 학계 첫 확인…멸종위기종 '담비'", 중앙일보, 2020.05.25.
- **기사** "'살인 말벌' 위협에 미국 양봉계 긴장", BBC NEWS 코리아, 2020.11.01.

10월

- **논문** G. Greco and N.M. Pugno, "How spiders hunt heavy prey: the tangle web as a pulley and spider's lifting mechanics observed and quantified in the laboratory". 〈Journal of the Royal Society Interface〉, Published online February 3, 2021. https://doi.org/10.1098/rsif.2020.0907
- **기사** 이주영, "거미 감각기관 모방한 초고감도 센서 개발(종합)", 연합뉴스, 2014.12.11.
- **기사** 김도훈, "거미는 전기를 이용해 날개 없이 장거리 비행을 한다", HUFFPOST, 2018.07.09.
- **기사** 조홍섭, "물거미는 어떻게 물속에서 '공기호흡' 할까", 한겨레, 2019.10.19.
- **웹** "1936년 베를린 나치 올림픽", 홀로코스트 백과사전(https://encyclopedia.ushmm.org/content/ko/article/the-nazi-olympics-berlin-1936)

- **책** 《참나무라는 우주》, 더글라스 탈라미 저, 김숲 역, 가지출판사, 2023.
- **기사** 김세훈, "낙엽은 지는 순간 다시 나무를 꿈꾼다…'낙엽로드' 그 길을 따라가다", 경향신문, 2022.10.28.
- **기사** Emma Tucker, "Šimon Kern makes chair from recycled fallen leaves", dezeen, 2017.02.26.
- **웹** 베르테라(Verterra) 사이트(https://www.verterra.com/collections/all)

11월

- **책** 《위대한 파리》, 에리카 맥앨리스터 저, 이동훈 역, 마리앤미, 2023.
- **기사** 이동규, "[과학으로 여는 세상]모기의 겨울나기", 부산일보, 2009.02.15.
- **책** 《달력으로 배우는 지구환경 수업》, 최원형 저, 블랙피쉬, 2021.
- **웹** https://en.wikipedia.org/wiki/Rendering_(animal_products)

12월

- **논문** Gunstone T, Cornelisse T, Klein K, Dubey A and Donley N, "Pesticides and Soil Invertebrates: A Hazard Assessment", 〈Frontiers in Environmental Science〉, Volume9, 2021, https://doi.org/10.3389/fenvs.2021.643847
- **논문** 박인환, 장갑수, 이근상, 서동조, "토양 및 지형 조건에 따른 토양침식 잠재성 분석", 〈환경영향평가 제15권 제1호〉, 2006, pp. 1~12.
- **기사** 곽경근, "멸종위기1급 회귀 진객 '흑고니' 국내 월동 확인", 쿠키뉴스, 2022.02.07.
- **웹** 충남야생동물구조센터 블로그(https://blog.naver.com/cnwarc)